施工现场处理系列

水暖电施工问题快速处理

张汤勇 ◎ 编著

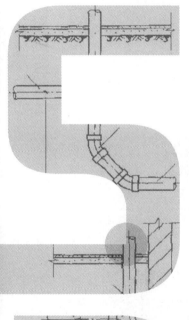

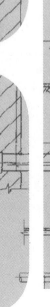

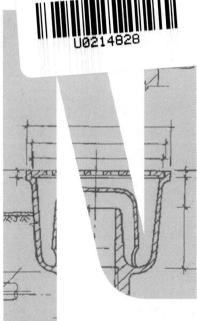

SHUINUANDIAN SHIGONG WENTI

KUAISU CHULI

海峡出版发行集团
THE STRAITS PUBLISHING & DISTRIBUTING GROUP

福建科学技术出版社
FUJIAN SCIENCE & TECHNOLOGY PUBLISHING HOUSE

图书在版编目（CIP）数据

水暖电施工问题快速处理 / 张汤勇编著 . —福州 : 福建
科学技术出版社，2019.6
（施工现场处理系列）
ISBN 978-7-5335-5829-1

Ⅰ . ①水… Ⅱ . ①张… Ⅲ . ①给排水系统—建筑安装
—工程施工—安全技术—基本知识②采暖设备—建筑安装
—工程施工—安全技术—基本知识③房屋建筑设备—电气
设备—建筑安装—工程施工—安全技术—基本知识 Ⅳ . ① TU714

中国版本图书馆 CIP 数据核字（2019）第 045181 号

书　　名	**水暖电施工问题快速处理**	
	施工现场处理系列	
编　　著	张汤勇	
出版发行	福建科学技术出版社	
社　　址	福州市东水路 76 号（邮编 350001）	
网　　址	www.fjstp.com	
经　　销	福建新华发行（集团）有限责任公司	
印　　刷	福州万紫千红印刷有限公司	
开　　本	700 毫米 × 1000 毫米　1 / 16	
印　　张	10	
字　　数	155 千字	
版　　次	2019 年 6 月第 1 版	
印　　次	2019 年 6 月第 1 次印刷	
书　　号	ISBN 978-7-5335-5829-1	
定　　价	42.00 元	

前　言

一直以来，建筑工程领域都以专业性、强制性的实施要求与"伴随左右"的各种质量事故而受到人们的关注。工程建设关系国计民生，每一个工程项目的开工建设，其工程质量都受到各方面的关注，所以国家与各级行业主管部门都制定了大量的标准、规范来进行强制性的约束。但是，作为一个劳动密集型产业，在每个建设工地，都有着大量自身水平并不高的纯劳务人员，他们往往对于专家、学者总结出来的理论知识很难理解。即使是经受过多年教育的大学生，初下施工现场，也很难将平时所学的理论知识与现场实际很好地结合起来。况且对于资金密集型的行业，总会有那么一部分人出于贪婪，不按照规范要求进行施工。以上各种因素汇集起来，就导致了工程行业各种质量问题辈出，这些问题的发生不排除有客观因素的存在，但在更大程度上主要还是由于"人为"因素导致的。

作为大多数都是不可逆的操作的现场施工来说，出现了问题并不是可怕，可怕的是不管不顾、盲目处理或者根本就是"瞒天过海"，以图得一时过关。殊不知这会给整个工程带来不可挽回的质量安全隐患。

考虑到现场施工是一个集理论与实际经验于一体的实操行业，本套"建筑工程施工现场细节处理系列"以更为直观、实用的方式来表述：来自于现场一线的质量问题照片带出问题，施工一线的专家对此问题进行分析，找出原因，并给出具有很强操作性的解决方案和预防措施。它能让读者非常直观地了解容易出现的质量问题及其严重程度，以及应该有怎样的对应处理方案；更重要的是，让他们知道在实际施工过程中，应该如何避免这类问题的发生，从而尽快提高自己的现场经验储备，保障工程建设既快又好地进行。

由于本套书强调来自实际施工现场，并且分析、处理建议也都是实际经验总结，加上工程建设中不尽相同的背景因素如地域、季节、材料等会影响到具体问题的处理，因此请广大读者在参考进行实际施工指导时，应具体问题具体分析，谨慎行事。

目　录

2

第一章　建筑给水排水及采暖工程

1.地下埋设管道漏水或断裂

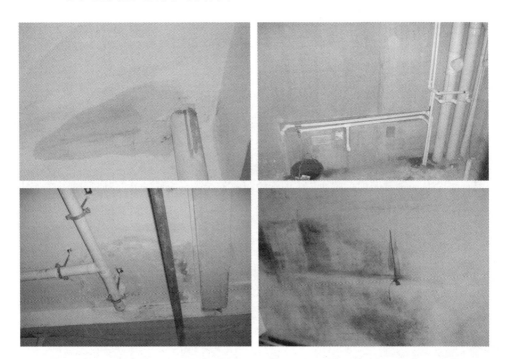

错误：地下埋设管道漏水或断裂。

原因及解决方案：

（1）管道安装后，没有认真进行水压试验，管道裂缝、零件上的砂眼以及接口处渗漏，没有及时发现并解决。

（2）管道支墩位置不合适，受力不均匀，造成丝头断裂；尤其当管道变径使用管补心，以及丝头超长时更易发生。

（3）北方地区管道试水后，没有及时把水泄净，在冬季造成管道或零件冻裂漏水。

（4）管道埋土夯实方法不当，造成管道接口处受力过大，丝头断裂。

（5）严格按照施工规范进行管道水压试验，认真检查管道有无裂缝，零件和管丝头是否完好。管道接口应严格按标准工艺施工。

（6）管道严禁铺设在冻土或未经处理的松土上，管道支墩间距要合适，支垫要牢靠，接口要严密，变径不得使用管补心，应该用异径管箍。

（7）冬期施工前或管道试压后将管道内积水认真排泄干净，防止结冰冻裂管道或零件。

（8）管道周围埋土要用手夯分层夯实，避免管道局部受力过大，丝头损坏。

（9）查看竣工图，弄清管道走向，判定管道漏水位置，挖开地面进行修理，并认真进行管道水压试验。

2.管道支架安装错误

错误：支架制作粗糙，切口不平整，有毛刺；制作支架的型材过小，与所固定的管道不相称，支架抱箍过细，与支架本体不匹配；支架固定不牢固。

原因：

（1）支架制作下料时，用电、气焊切割，且毛刺未经打磨。

（2）支架不按标准图制作或片面追求省料。

（3）支架埋深不够或墙洞未用水浸润。

（4）支架固定在不能载重的轻质墙上。

解决方案：

（1）制作支架下料应采用锯割，尽量不采用电、气焊切割，并用砂轮或锉刀打去毛刺。

（2）支架应严格按照标准图制作，不同管径的管道应选用相应规格的型材，管箍也应与支架配套。

（3）埋设支架前，应用水充分湿润墙洞。支架的埋深根据支架的种类而定（一般为100~220mm），埋设支架时，墙洞须用水泥砂浆或细石混凝土捣实。

（4）轻质墙上的支架应视轻质墙的材质加工特殊支架，如对夹式支架等。

3.立管距墙过远或半明半暗

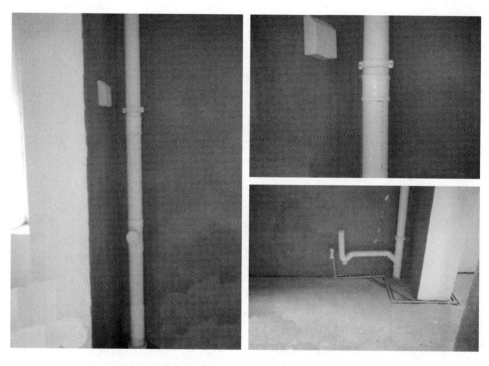

错误： 立管距墙过远，占据有效空间；立管嵌于抹灰层中，半明半暗，影响美观，不便检修。

原因：

（1）由于设计原因，多层建筑的同一位置的各层墙体不在同一轴线上。

（2）施工中技术变更墙体移位。

（3）施工放线不准确或施工误差，使多层建筑的同一位置的各层墙体不在

3

同一轴线上。

（4）管道安装未吊通线，管道偏斜。

解决方案：

（1）图纸会审前，应认真核对土建图纸，发现问题及时解决。

（2）土建的施工变更应及时通知安装方面。

（3）土建砌筑墙体时须精确放线，发现墙体轴线压预留管洞或距管洞过远时，应与安装方面联系找出原因，寻求解决办法。

（4）安装管道时需吊通线，管道安装允许偏差见表1-1。

表1-1　管道和阀门安装的允许偏差和检验方法

项次	项目			允许偏差（mm）	检验方法
1	水平管道纵横方向弯曲	钢管	每米	1	用水平尺、直尺、拉线和尺量检查
			全长25m以上	≯25	
		塑料管复合管	每米	1.5	
			全长25m以上	≯25	
2	立管垂直度	铸铁管	每米	2	吊线和尺量检查
			全长25m以上	≯25	
		钢管	每米	3	
			5m以上	≯8	
		塑料管复合管	每米	2	
			5m以上	≯8	
		铸铁管	每米	3	
			5m以上	≯10	
3	成排管段和成排阀门	在同一平面上间距		3	尺量检查

（5）拆掉半明半暗的管道重新安装。

（6）距墙过远的管道采用煨弯或用管件调节距墙距离。

4.室内消火栓箱安装及配管不规范

错误：室内消火栓箱安装及配管不规范，消火栓阀门中心标高不符合规范要求，接口处油麻不净；箱内水龙带摆设不整齐；消火栓箱保护不善，污染严

重，门开、关困难；影响观感，妨碍使用。

原因：

土建留洞口位置不准，安装消火栓箱时未认真核对标高；安装完栓口阀门后未认真清理；未按规范规定将水龙带折挂或卷在盘上；消火栓箱在运输、贮存中乱堆乱放，保护层脱落，门被碰撞变形造成污染和开关困难。

解决方案：

（1）明装管道应横平竖直，与建筑线条相协调。

（2）消火栓栓口中心距地面高度应为距栓口中心垂直向下所在楼梯踏步1.2m或1.1m（由设计图纸确定）。

（3）安装消火栓箱时，对标高要认真核对，无误后方可安装；安装后应随手将接口处多余的油麻清理干净；严格执行规范，将水龙带折挂在挂钉上或卷在卷盘上；加强对消防设施的保护和管理，对有碍使用的应及时维护与修理。

5.给排水施工使用材料不合格

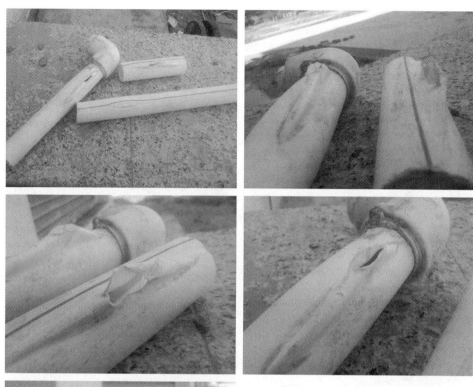

错误：施工使用材料不合格。

原因：施工使用的主要材料、设备及制品，缺少符合国家或部颁现行标准的技术质量鉴定文件或产品合格证。

解决方案：

（1）给排水工程所使用的主要材料、设备及制品，应有符合国家或部颁现行标准的技术质量鉴定文件或产品合格证；应标明其产品名称、型号、规格、国家质量标准代号、出厂日期、生产厂家名称及地点、出厂产品检验证明或代号。

（2）阀门安装前，应做耐压强度和严密性试验。试验应以每批（同牌号、同规格、同型号）数量中抽查10%，且不少于一个。对于安装在主干管上起切断作用的闭路阀门，应逐个作强度和严密性试验。阀门强度和严密性试验压力应符合《建筑给排水及采暖工程施工质量验收规范》（GB50242—2002）规定。

6.阀门安装方法错误

错误：阀门安装错误。

原因及解决方案：安装阀门的规格、型号不符合设计要求。

（1）熟悉各类阀门的应用范围，按设计的要求选择阀门的规格和型号。阀门的公称压力要满足系统试验压力的要求。按施工规范要求：给水支管管径小于或等于50mm的，应采用截止阀；管径大于50mm的，应采用闸阀。热水采暖干、立控制阀应采用闸阀，消防水泵吸水管不应采用蝶阀。

（2）严格按阀门安装说明书进行安装，明杆闸阀留足阀杆伸长开启高度，蝶阀充分考虑手柄转动空间，各种阀门杆不能低于水平位置，更不能向下。暗装阀门不但要设置满足阀门开闭需要的检查门，同时阀杆应朝向检查门。

7.管道安装的支、吊架尺寸不符合规定

错误：管道安装的支、吊架尺寸不符合国家有关规范规定，其结构达不到所需要的承载力要求。

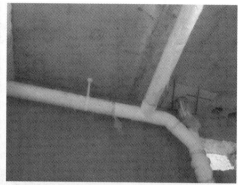

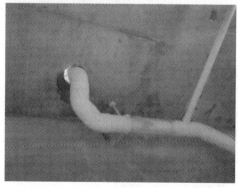

原因及解决方案：

管道安装的支、吊架尺寸必须符合国家有关图集要求，支、吊架的结构要合理，保证其承载力达到安全可靠，较大的管道支架要经过计算，确保管道所需要的承载力要求。

8.楼板洞不认真堵严，造成上下层通气

错误：管道施工后不认真堵严楼板及墙洞,或堵洞用的混凝土强度低于墙、楼板的强度。

原因及解决方案：管道穿楼板、墙堵洞时，必须用豆石混凝土堵严，不得用碎砖头等废弃物填塞，堵洞用的混凝土强度必须不得小于楼板、墙的强度。预留孔洞的尺寸见表1-2。

表1-2　预留孔洞尺寸

项次	管道名称规格		明管留管尺寸 长（mm）× 宽（mm）	暗管墙槽尺寸 宽度（mm）× 深度（mm）
1	采暖或给水立管	管径小于或等于25mm	100×100	130×130
		管径32~50mm	150×150	150×130
		管径70~100mm	200×200	200×200
2	一根排水立管	管径小于或等于25mm	150×150	200×180
		管径70~100mm	200×200	250×200
3	二根采暖或给水立管（管径小于或等于50mm）		150×100	200×130
4	一根给水立管和一根排水立管在一起	管径小于或等于50mm	200×150	200×130
		管径70~100mm	250×200	250×200
5	二根给水立管和一根排水立管在一起	管径小于或等于50mm	200×150	250×200
		管径70~100mm	350×200	380×200
6	给水支管或散热器支管	管径小于或等于50mm	100×100	60×60
		管径32~40mm	150×130	150×100
7	排水支管	管径小于或等于80mm	250×200	—
		管径100mm	300×250	
8	采暖或排水主干管	管径小于或等于80mm	300×250	
		管径100~150mm	350×300	
9	给水引入管（管径小于或等于100mm）		300×200	—
10	排水排出管穿基础	管径小于或等于80mm	300×300	—
		管径100~150mm	（管径+300）× （管径+200）	

注：1.给水引入管，管顶上部净空一般不小于100mm。

　　2.排水排出管，管顶上部净空一般不小于150mm。

10

9.污水立管检查口渗漏和安装角度不方便清通工作

错误： 污水立管检查口渗漏和安装角度不方便清通工作。

原因及解决方案： 污水立管检查口在竣工交付使用前应逐个进行检修，检查口和盖高低不平时应磨平，同时加装4～5mm厚橡胶垫，上、下两个螺栓均匀紧固，立管检查口安装时应朝向将来检修者的正面。

10.水表安装不合格

错误：安装水表时，水表贴着墙面，以及水表前后没有足够的直线管段。

原因：水表贴紧墙面，则给水表的安装、检修和查看水表数据带来困难；水表前后没有足够的直线管段，那么流过水表的水的形态是杂乱无章的，造成很大阻力。

解决方案：水表应安装在便于检修、查看和不受暴晒、污染、冻结的

地方；安装螺翼式水表时，表前阀门应有8～10倍水表直径的直线管段，其他水表的前后应有不小于300mm的直线管段；室内分户水表其表外壳距净墙表面不得小于30mm，表前后直线管段长度大于300mm时，其超出管段应拗弯沿墙敷设。

安装水表时，首先应检查活接头质量是否可靠、完整无损，若水表与其连接的前后管段不在同一直线上，必须认真调整。调整合适后，先用手把水表两端活接头拧上2～3扣，左右两边必须同时操作，再检查一遍，到水表完全处于自然状态下，再同时拧紧活接头。

11.生活给水引入管与污水排水管管外壁的水平净距过小

错误： 生活给水引入管与污水排水管管外壁的水平净距过小。

原因及解决方案： 生活给水引入管与污水排水管管外壁的水平净距不应小于1.0m。

12.排水管埋设深度不够

错误： 排水管埋设深度不够造成管道受力损坏或在寒冷地区排水冰冻，影响正常使用。

原因及解决方案： 排水管道出户管道的埋深，一般不应小于当地的冰冻线深度，工业厂房内生活排水管道的埋设深度，如设计无要求，不得小于表1-3的规定。

表1-3 工业厂房生活排水管由地面至管顶的最小埋设深度（m）

管材	地面种类	
	土地面、碎石地面、砖地面	混凝土地面、水泥地面、菱苦土地面
铸铁管和钢管	0.7	0.4
钢筋混凝土管	0.7	0.5
缸瓦管和石棉水泥管	1.0	0.6

13.管道横管坡度不标准，个别出现倒坡现象

错误： 管道横管坡度不标准，个别出现倒坡现象。

原因及解决方案： 管道的坡度应符合设计要求，当设计无规定时，给水横管宜有0.2%～0.5%的坡度坡向泄水装置，严禁有倒坡现象出现。自动喷洒和水

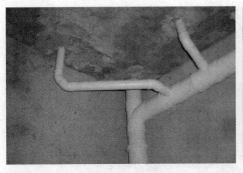

幕消防系统的管道应有坡度，充水系统应不小于0.2%；充气系统和分支管应不小于0.4%。

生活污水管道的坡度应符合下表1–4的规定。

表1–4　生活污水管道的坡度

项次	管径（m）	标准坡度（%）	最小坡度（%）
1	50	3.5	2.5
2	75	2.5	1.5
3	100	2.0	1.2
4	125	1.5	1.0
5	150	1.0	0.7
6	200	0.8	0.5

注：立管垂直度每米不大于3mm，全长（5m以上）不大于5mm。

14.化粪池顶端安装通往外部的透气管不规范

错误： 化粪池顶端安装通往外部的透气管不规范。

原因及解决方案： 化粪池顶端必须安装通往外部的透气管，在人员经常来往的地方要将透气管引往屋顶或远离人员经常来往的地方。

15.污水井施工不规范

脱氯池

错误：污水井内无导流槽，污水管进入井内标高离井底太高。污水砖井内壁没抹灰。

原因及解决方案：

（1）放线定点。这是所有工作坑和接收坑施工前的基础工作。如果在接收坑处采用骑马井施工，则在放线定点时可以根据管段总长和标准管节的长度（2米/节），在设计允许的情况下，对设计图纸中的管段长度进行适当地调整（一般情况下，调整范围在1～2m，计算时一定要加上管缝长度）。这样做的目的是为了避免在施工骑马井的井室时破坏管道。轴线上的工作坑和骑马井位置必须事先定出，这是非常关键的。

（2）管道就位。一般顶管施工中工作坑和接收坑的开挖都是非常关键的工序。工作坑是进行管道顶进的工作地点，是必须开挖的，而接收坑一般情况下是在管道就位后，在对接点开挖然后砌筑（或浇筑）检查井接通两边管道之用的。管道在工作坑顶进的过程中一定要控制好方向，偏差不应太大，这是决定能否采用骑马井施工很关键的一步，也是顶管施工中的主控项目。如果管道顶进的过程中遇到特殊的地质情况而产生了偏差，则应及时采取纠偏措施，保证在接收坑处的管道回到轴线位置。

（3）确定开挖尺寸。根据排水管道的管径来确定骑马井的直径。

（4）人工挖土方、绑扎钢筋、支模板、浇筑混凝土（第一段~第 n 段）。一般情况下，为便于施工操作和保证施工安全，骑马井的每段施工深度 h 取1米为宜（如果土质较好深度 h 可以放大），然后1模/米向下施工。本工法所采取的均为1模/米的施工方法。

1）人工开挖第一段。一般情况下第一段是井筒的部位，可以不要浇筑混凝土护壁，但是如果地表水比较丰富或者土质不好则容易产生塌方，第一段则必须浇筑混凝土护壁，以保证施工的安全。

2）在满足上述条件的情况下，可以进行第二段的施工。从第二段开始浇筑钢筋混凝土井壁，井壁的钢筋布置为双层双向，水平环箍采用单面焊，搭接长度10 d。钢筋保护层厚度靠近土壁的部分为35mm，内壁部分为20mm。模板采用自加工的定型钢模板，模板安装要牢固，板缝满足规范规定，防止产生大量漏浆从而影响混凝土的浇筑质量。混凝土采用C20、S4抗渗混凝土。此时应注意此模内的钢筋要插入下一模内，保证搭接长度42 d。浇筑混凝土时必须将混凝土振捣密实，待混凝土凝固达到一定强度后，可以进行下一步施工。

3）第三段~第 n 段施工。参照第二段的施工方法，进行第三段至第 n 段钢筋混凝土井壁的施工。此时应注意，第 n 段如果能够保证一整模，可以进行混凝土的浇筑，否则可暂时不进行浇筑。第一，是因为最后一模如果不能保证是一整模则不易施工，而且不能满足质量要求；第二，井室砌筑完毕后浇筑最后一模混凝土，可以保证混凝土和砌体的接触面有良好的密闭性；第三，能够保证整体的稳定性。

4）井室部分施工（挖土方、底板施工、砌筑井室）。井室土方开挖完毕后，首先绑扎底板钢筋网片，采用单层双向布置，钢筋靠下层放置。然后浇筑150厚C20、S4混凝土底板，钢筋保护层厚度50mm。待混凝土凝固后砌筑井室，井室和流槽采用M10水泥砂浆砌筑Mu10砖，流槽和井室要一同砌筑。井室脚窝和流槽一同砌筑，脚窝和踏步位置参照《排水检查井图集》（图集号02S515）中02S515—146页砖砌雨水检查井脚窝和踏步设置。井室施工完毕后可以进行下一阶段的施工。

5）第n段井壁施工。待井室砌体强度满足要求后，可以将上部第n段预留的井壁（未能满足一整模的要求）进行浇筑，使其井壁落在砌体上，这样既保证井壁的稳定性也可以使混凝土和砌体的接触面达到良好的密闭效果。

6）安装踏步、抹面。待混凝土强度达到100%后，在井壁上弹出墨线，根据图集02S515—143中的尺寸画出踏步点位，用冲击钻打眼安装踏步，并在缝隙中灌入环氧树脂砂浆，将踏步固定牢固。踏步安装时一定要保证位置正确，上下顺直。待踏步安装牢固后可以进行抹面工作，井室和井壁采用1∶2防水水泥砂浆同时抹面，井壁要将锯齿处抹平。

7）盖板施工。盖板可以采用预制盖板也可以采用现浇盖板，本工法采用的是现浇盖板施工。钢筋的布置可以参照《排水检查井图集》02S515—0中的盖板钢筋布置图进行施工，放置钢筋时应注意，钢筋放下层，水平短向筋在最下层。采用C25混凝土进行浇筑，保护层厚度为35mm，板厚h=120mm.

8）井筒部分施工。待盖板混凝土强度满足要求后，可以砌筑井筒。井筒砌筑采用M7.5水泥砂浆砌Mu10砖，井筒厚度为240mm，踏步随砌体一同安装，踏步安装时一定要和下面的踏步对应。井筒内壁抹20mm厚1∶2防水水泥砂浆，井盖安装时要保证与现况路面相平，严禁高出路面。回填可采用级配砂石，灌水并振捣密实，达到设计要求。

9）路面恢复。路面恢复时在保证质量和安全的情况下，还应保证与现况路面材质及样式相一致。

（5）质量要求。

1）挖土方质量要求：开挖土方的过程中，应保证每段井壁的垂直度，并应保证整个井壁的垂直度偏差≯30mm。

2）绑扎钢筋质量要求：必须满足钢筋的搭接长度为42d，钢筋的规格、型号、间距、数量及保护层厚度的应符合设计要求和规范的规定。

3）振捣混凝土质量要求：一定要保证侧壁混凝土振捣密实，特别是上下段的交接处，在浇筑下一段混凝土的护壁时，需把上一段的根部凿毛，并用清水冲洗干净，保证交接处的混凝土强度和密闭性达到要求，为以后做闭水试验做好准备。

4）砌筑和抹面：井室、井筒的砌筑要保证砂浆的强度等级，砌筑质量达到规范规定。混凝土井壁抹灰时须将内壁抹平，最薄处为20mm，砌体部分抹灰厚度取20mm。所有需要抹灰的部位均要压光，垂直度和平整度满足规范规定。

16.室外给水管施工错误

错误：室外给水管施工，挖槽后槽底不进行夯实，或用杂土、砖、石块进行回填。

原因及解决方案：槽底不进行夯实时会产生不均匀下沉，用杂土、砖、石块进行回填，管上部受力不均匀将使管子压坏。

室外管沟槽底必须要进行夯实。试压后管上部的回填土要素土夯实，不得用砖、石块、杂土进行回填。

严格按照设计要求和施工规范规定施工。

（1）采用天然地基时，地基不得受震动。

（2）槽底为岩石或坚硬地基时，当设计无明确规定时，管身下方应铺设100～200mm砂垫层。

（3）当槽底地基土质局部遇到松软地基等，应与设计单位商定处理措施。

（4）非永冻土地区，管道不得安放在冻结的地基上。

17.保温材料材质或厚度不符合设计的要求

错误：保温材料材质或厚度不符合设计的要求。保温材料绑扎不牢、松动，搭接缝偏大甚至不到位，保护层不平整，严密性差。

原因及解决方案：外表不美观。保温隔热效果不好，浪费能源。材料耐火等级达不到消防要求，加大了火灾隐患。保温材料的材质和厚度必须符合设计要求，特别是消防有关规定，施工操作要达到工程质量验收标准。

18.管道的支架、吊架、防晃支架安装不正确

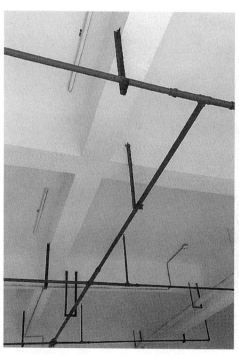
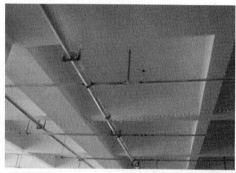

错误：管道的支架、吊架、防晃支架安装不正确。

原因及解决方案：管道在受外界机械冲撞和自身水力冲击时损坏，同时错误的安装位置会妨碍喷头的喷水灭火效果。

管道应固定牢固；管道支、吊架之间的距离不应大于表1-5规定。

表1-5　管道支架或吊架之间距离

公称管径（mm）	25	32	40	50	70	80	100	125	150	200	250	300
距离（m）	3.5	4.0	4.5	5.0	6.0	8.0	8.5	7.0	8.0	9.5	11.0	12.0

　　管道支架、吊架的安装位置不应妨碍喷头的喷水效果；管道支架、吊架与喷头之间的距离不宜小于300mm；与末端喷头之间的距离不宜大于750mm。

　　配水支管上每一直管段，相邻两喷头之间的管段设置的吊架均不宜少于1个；当喷头之间距离小于1.8m时，可隔段设置吊架，但吊架的间距不宜大于3.6m。

　　当管子的公称管径小于或等于50mm时，每段配水干管或配水管设置防晃支架不应少于1个；当管道改变方向时，应增设防晃支架。

19.自动喷水灭火系统喷洒头的保护面积、间距、位置不符合要求

　　错误： 自动喷水灭火系统喷洒头的保护面积、间距、位置不符合要求。

　　原因及解决方案：

　　（1）配水管两侧每根配水支管控制的标准喷头数，轻危险级、中危险级场所不应超过8只，同时在吊顶上下安装喷头的配水支管，上下侧均不应超过8只。严重危险级及仓库危险级场所均不应超过6只。

　　（2）轻危险级、中危险级场所中配水支管、配水管控制的标准喷头数，不应超过表1-6的规定。

表1-6　轻危险级、中危险级场所中配水支管、配水管控制的标准喷头数

公称管径（mm）	控制的标准喷头数（只）	
	轻危险级	中危险级
25	1	1
32	3	3
40	5	4

公称管径（mm）	控制的标准喷头数（只）	
	轻危险级	中危险级
50	10	8
65	18	12
80	48	32
100	—	64

（3）喷头应布置在顶板或吊顶下易于接触到火灾热气流并有利于均匀布水的位置。当喷头附近有障碍物时，应符合设计规范喷头与障碍物距离的规定或增设补偿喷水强度的喷头。

（4）直立型、下垂型喷头的布置，包括同一根配水支管上喷头的间距及相邻配水支管的间距，应根据系统的喷水强度、喷头的流量系数和工作压力确定，并不应大于表1-7的规定，且不宜小于2.4m。

表1-7　同一根配水支管上喷头的间距及相邻配水支管的间距

喷水强度 [L/（min·m²）]	正方形布置的边长（m）	矩形或平行四边形布置的长边（m）	一只喷头的最大保护面积（m²）	喷头与端墙的最大距离（m）
4	4.4	4.5	20.0	2.2
6	3.6	4.0	12.5	1.8
8	3.4	3.6	11.5	1.7
12～20	3.0	3.6	9.0	1.5

注：1.走道设置单排喷头的闭式系统，其喷头间距应按走道地面不留漏喷头空白点确定。

2.货架内喷头的间距不应小于2m，并不应大于3m。

（5）除吊顶型喷头及吊顶下安装的喷头外，直立型、下垂型标准喷头，其溅水盘与顶板的距离，不应小于75mm，且不应大于150mm。

（6）快速响应早期抑制喷头的溅水盘与顶板的距离，应符合表1-8的规定。

表1-8 快速响应早期抑制喷头的溅水盘与顶板的距离

喷头安装方式	直立型		下垂型	
	不应小于	不应大于	不应小于	不应大于
溅水盘与顶板的距离（mm）	100	150	150	360

（7）图书馆、档案馆、商场、仓库中的通道上方宜设有喷头。喷头与被保护对象的水平距离，不应小于0.3m；喷头溅水盘与保护对象的最小垂直距离不应小于表1-9的规定。

表1-9 喷头溅水盘与保护对象的最小垂直距离

喷头类型	最小垂直距离（m）
标准喷头	0.45
其他喷头	0.90

（8）货架内喷头宜与顶板下喷头交错布置，其溅水盘与上方层板的距离，应符合上边第五条的规定，与其下方货品顶面的垂直距离不应小于150mm。

（9）货架内喷头上方的货架层板，应为封闭层板。货架内喷头上方如有孔洞、缝隙，应在喷头的上方设置集热挡水板。集热挡水板应为正方形或圆形金属板，其平面面积不宜小于0.12㎡，周围弯边的下沿，宜与喷头的溅水盘平齐。

（10）净空高度大于800mm的闷顶和技术夹层内有可燃物时，应设置喷头。

（11）当局部场所设置自动喷水灭火系统时，与相邻不设自动喷水灭火系统场所连通的走道或连通开口的外侧，应设喷头。

（12）装设通透性吊顶的场所，喷头应布置在顶板下。

（13）顶板或吊顶为斜面时，喷头应垂直于斜面，并应按斜面距离确定喷头间距。尖屋顶的屋脊处应设一排喷头。喷头溅水盘至屋脊的垂直距离，屋顶坡度＞1/3时，不应大于0.8m；屋顶坡度＜1/3时，不应大于0.6m。

（14）边墙型标准喷头的最大保护跨度与间距，应符合表1-10的规定。

（15）边墙型扩展覆盖喷头的最大保护跨度、配水支管上的喷头间距、喷头与两侧端墙的距离，应按喷头工作压力下能够喷湿对面墙和邻近端墙距溅水盘1.2m高度以下的墙面确定，且保护面积内的喷水强度应符合表1-11规定。

表1-10　边墙型标准喷头的最大保护跨度与间距

设置场所火灾危险等级	轻危险级	中危险级
配水支管上喷头的最大间距（m）	3.6	3.0
单排喷头的最大保护跨度（m）	3.6	3.0
两排相对喷头的最大保护跨度（m）	7.2	6.0

注：1.两排相对喷头应交错布置。

　　2.室内跨度大于两排相对喷头的最大保护跨度时，应在两排相对喷头中间增设一排喷头。

表1-11　民用建筑和工业厂房的系统设计基本参数

火灾危险等级		喷水强度［$L/(min \cdot m^2)$］	作用面积（m^2）	喷头工作压力（MPa）
轻危险级		4	160	0.10
中危险级	Ⅰ级	6		
	Ⅱ级	8		
严重危险级	Ⅰ级	12	260	
	Ⅱ级	16		

注：系统最不利点处喷头的工作压力，不应低于0.05MPa。

（16）直立式边墙型喷头，其溅水盘与顶板的距离不应小于100mm，且不宜大于150mm，与背墙的距离不应小于50mm，并不应大于100mm。

水平式边墙型喷头溅水盘与顶板的距离不应小于150mm，且不应大于300mm。

（17）防火分隔水幕的喷头布置，应保证水幕的宽度不小于6m。采用水幕喷头时，喷头不应少于3排；采用开式洒水喷头时，喷头不应少于2排。防护冷却水幕的喷头宜布置成单排。

（18）直立型、下垂型喷头与梁、通风管道的距离宜符合表1-12的规定（参见下图）。

表1-12　喷头与梁、通风管道的距离

喷头溅水盘与梁或通风管道的底面的最大垂直距离b（m）		喷头与梁、通风管道的水平距离a（m）
标准喷头	其他喷头	
0	0	$a<0.3$

喷头溅水盘与梁或通风管道的底面的最大垂直距离 b（m）		喷头与梁、通风管道的水平距离 a（m）
标准喷头	其他喷头	
0.06	0.04	$0.3 \leqslant a < 0.6$
0.14	0.14	$0.6 \leqslant a < 0.9$
0.24	0.25	$0.9 \leqslant a < 1.2$
0.35	0.38	$1.2 \leqslant a < 1.5$
0.45	0.55	$1.5 \leqslant a < 1.8$
＞0.45	＞0.55	$a = 1.8$

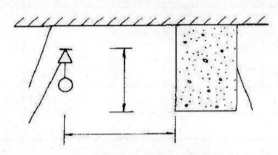

喷头与梁、通风管道的距离
1—顶板；2—直立型喷头；3—梁或通风管道

当喷头溅水盘高于附近梁底或高于宽度小于1.2m的通风管道腹面时，喷头溅水盘高于梁底、通风管道腹面的最大垂直距离应符合表1-13规定。

表1-13　喷头溅水盘高于梁底、通风管道腹面的最大垂直距离

喷头与梁、通风管道的水平距离（mm）	喷头溅水盘高于梁底、通风管道腹面的最大垂直距离（mm）
300～600	25
600～750	75
750～900	75
900～1050	100
1050～1200	150
1200～1350	180
1350～1500	230

喷头与梁、通风管道的水平距离（mm）	喷头溅水盘高于梁底、通风管道腹面的 最大垂直距离（mm）
1500～1680	280
1680～1830	360

（19）直立型、下垂型标准喷头的溅水盘以下0.45m，其他直立型、下垂型喷头的溅水盘以下0.9m范围内，如有屋架等间断障碍物或管道时，喷头与邻近障碍物的最小水平距离宜符合表1-14的规定（见左下图）。

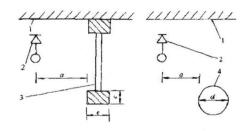 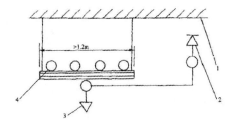

喷头与邻近障碍物的最小水平距离　　　　　　障碍物下方增设喷头
1—顶板；2—直立型喷头；3—屋架等间断障　　1—顶板；2—直立型喷头；3—下垂型喷
碍物；4—管道　　　　　　　　　头；4—排管（或梁、通风管道、桥架等）

表1-14　喷头与邻近障碍物的最小水平距离

喷头与邻近障碍物的最小水平距离	
c、e或d≤0.2	c、e或d＞0.2
3c或3e（c与e取大值）3d	0.6

（20）当梁、通风管道、排管、桥架等障碍物的宽度大于1.2m时，其下方应增设喷头（见右上图）。

（21）当喷头安装在不到顶的隔断附近时，喷头与隔断的水平距离和最小垂直距离应符合表1-15的规定。

表1-15　喷头与隔断的水平和最小垂直距离

水平距离（mm）	150	225	300	375	450	600	750	＞900
最小垂直距离（mm）	75	100	150	200	236	313	336	450

（22）直立型、下垂型喷头与靠墙障碍物的距离，应符合下列规定（参见下图）。

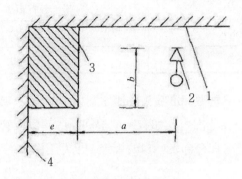

喷头与靠墙障碍物的距离
1—顶板；2—直立型喷头；3—靠墙障碍物；4—墙面

1）障碍物横截面边长小于750mm时，喷头与障碍物的距离，应按公式确定：

$$a \geqslant （e-200）+b$$

式中　a——喷头与障碍物的水平距离（mm）；

　　　b——喷头溅水盘与障碍物底面的垂直距离（mm）；

　　　e——障碍物横截面的边长（mm），$e<750$。

2）障碍物横截面边长等于或大于750mm或a的计算值大于前述表1-10中喷头与端墙距离的规定时，应在靠墙障碍物下增设喷头。

（23）边墙型喷头的两侧1m及正前方2m范围内，顶板或吊顶下不应有阻挡喷水的障碍物。

20.消防水箱安装距墙、梁及顶板太近

错误： 消防水箱安装距墙、梁及顶板太近。

原因及防治措施： 妨碍水箱配管安装和日常维护检修工作。

消防水箱间的主要通道宽度不应小于1.0m，钢板水箱四周应设宽度不小于0.7m的检修通道，消防水箱顶部至楼板或梁底距离不得小于0.6m。

21.散热器不符合施工规范和设计

错误： 散热器安装位置不合理，接口位置错误。

原因及防治措施：

有条件的话，一般安装在窗户的正下方，不仅减少对墙面的遮挡，而且更为美观。散热器通常都应该按照对角设置进、出水口，便于热水循环。

安装是否合适，关系到后期取暖是否有效以及整栋楼的供暖，因此在布置和安装过程中，尤其需要注意。一般来说，散热器的安装需要注意以下几个方面：

安装前应根据系统的最大工作压力确定试验压力，进行水压试验，试验时间一般为2~3分钟，不渗不漏为合格。

散热器的支架、托架也应该按照规范要求配置，其数量与散热器形式与安装方式有关（见表1-16）。

表1-16 散热器支架、托架数量

项次	散热器形式	安装方式	每组片数	上部托钩或卡架数	下部托钩或卡架数	合计
1	长翼型	挂墙	2～4	1	2	3
			5	2	2	4
			6	2	3	5
			7	2	4	6
2	柱型	挂墙	3～8	1	2	3
			29～12	1	3	4
			13～16	2	4	6
			17～20	2	5	6
			21～25	2	6	8
3	柱型柱翼型	带足落地	3～8	1	—	1
			8～12	1	—	1
			13～16	2	—	2
			17～20	2	—	2
			21～25	2	—	2

注：本表引自《建筑给水排水及采暖工程施工质量验收规范》GB50242—2002。

热网启动后部分散热器不热。

（1）水力不平衡，距热源远的散热器因管网阻力大而热媒分配少，导致散热器不热。

（2）散热器未设置跑风门或跑风门位置不对，以致散热器内空气难以排出而影响散热。

（3）蒸汽采暖的疏水器选择不当，因而造成介质流通不畅，使散热器达不到预期效果。

（4）管道堵塞。

（5）管道坡度不当影响介质的正常循环。

（6）设计时应做好水力计算，管网较大时宜做同程式布置，而不宜采用异程式。

（7）散热器应正确设置跑风门。如为蒸汽采暖，跑风门的位置应在距底部

1/3处；如为热水采暖，跑风门的位置应在上部。

（8）疏水器选用不仅要考虑排水量，还要根据压差选型，否则容易漏气，破坏系统运行的可靠性，或者疏水器失灵，凝结水不能顺利排出。

散热器组装后应做水压试验，其试验压力应符合表1-17规定，并做好记录。

表1-17　散热器试验压力

散热器型号	60型、M150型M132型柱型、圆翼型		扁管型		板式	串片	
工作压力（MPa）	≤0.25	>0.25	≤0.25	>0.25		≤0.25	>0.25
试验压力（MPa）	0.40	0.60	0.60	0.80	0.75	0.40	1.40
要求	试验时间2~3分钟，不渗不漏为合格						

散热器中心与墙表面距离应符合表1-18的规定。散热器安装各部位允许偏差应符合表1-19的规定。

表1-18　散热器中心与墙表面距离

散热器型号	60型	M150型M132型	四柱型	圆翼型	扁管板式（外）	串片型	
						平放	竖放
中心距墙表面距离（mm）	115	115	130	115	30	95	60

表1-19　散热器安装允许偏差

项次	项目			允许偏差（mm）
1	散热器	内表面与墙表面距离		6
		与窗口中心线		20
		散热器中心线垂直度		3
2	铸铁散热器正面全长内的弯曲	60型	2~4m	4
			5~7m	6
		圆翼型	2m以内	3
			3~4m	4
		M150/M132型、柱型	3~14片	4
			15~24片	6

项次	项目		允许偏差（mm）
3	钢串片型散热器	2节以内	3
		3～4节	4

22.地漏安装不规范

错误：地漏安装不规范。

原因及防治措施：安装地漏时应通过拉线或用水准仪认真确定地漏的标高，保证地漏低于安装处排水表面并不超过5mm，同时在地面施工中应积极配合，确保地漏周围地面合适的排水坡度。普通型地漏规格见表1–20。

地漏安装时，地漏上表面与楼板结构面应一平或高出1cm，防水层压在地漏四周，使卫生间积水很快从地漏排走，同时地漏箅子应该与装修地面一平（或加铜、不锈钢套），见左下图。地漏的水封不能小于5cm（见右下图）。

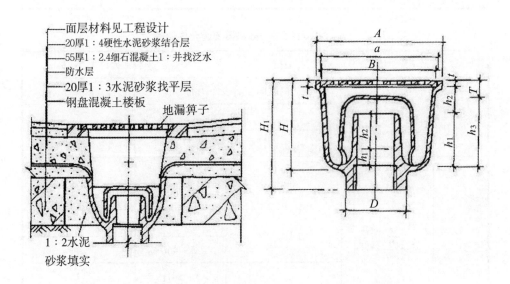

厚垫层的楼面地漏安装   普通地漏尺寸

表1-20 普通型地漏规格表（mm）

DN	A	a	B	H	H_1	h_1	h_2	h_3	h_4	D	T	t	t_1	H_3
50	158	148	144	119	145	70	38	90	20	75	12	8	9	50
75	208	196	192	134	159	75	44	99	25	103	14	9	10	50
100	252	240	236	148	173	80	52	108	30	130	15	10	11	50

23.生活给水管道检疫不到位

错误：未经检验合格的PVC管用于生活给水管道系统上，饮用水管道在使用前没经消毒、冲洗，水质未经检验合格后使用。

原因及防治措施：生活饮用水塑料管道及附件必须具备卫生检验部门的检验合格报告或认证文件，饮用水管道在使用前，应采用每升水中含20~30mg游离态氯的清水灌满管道进

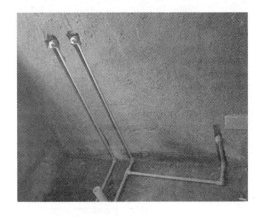

行消毒，含氯水在管中应静置24h以上，消毒后再用饮用水冲洗管道，并经卫生部门取样检验，符合国家现行《生活饮用水卫生标准》后，方可使用。

24.UPVC管安装不符合要求

错误：UPVC管安装不符合要求。

原因及防治措施：UPVC排水立管与最低排水横支管连接处至排出管管底的垂直距离不符合施工规范要求。

排水立管仅设置伸顶通气管时，最低横支管与立管连接处至排出管管底的垂直距离不得小于表1-21规定（见下图）。

最低横支管与立管连接处至排出管管底的垂直距离
1—立管；2—横支管；3—排出管；4—45° 弯头；5—偏心异径管

（注）如果与排出管连接的立管底部放大一号管径或横干管比与之连接的立管大一号管径时，可将表中垂直距离缩小一挡。

表1-21　最低横支管与立管连接处至排出管管底垂直距离

立管连接卫生器具的层数（层）	≤4	5～6	7～12	13～19	≥20
垂直距离h_1（m）	0.45	0.75	1.20	3.00	6.00

另外当排水支管连接在排水管或排水横干管上时，连接点距立管底部水平距离L不宜小于1.5m（见下图）。

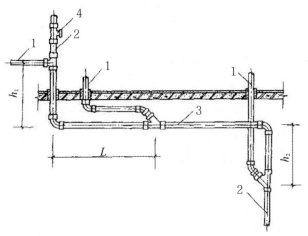

排水支管与排水立管、横管连接
1—排水支管；2—排水立管；3—排水横管；4—检查口

UPVC管接口黏结时，外溢黏结剂应及时去除干净，管道安装应依据建筑装饰的进度适时进行，并认真做好成品保护工作。

伸缩节设置应靠近水流汇合管件见下图，并应符合下列规定：

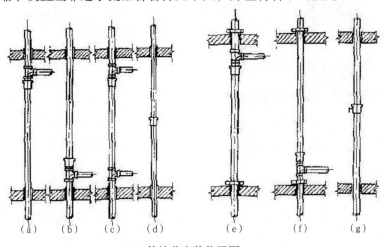

（a）　　（b）　　（c）　　（d）　　　　（e）　　　　（f）　　　　（g）

伸缩节安装位置图

（1）立管穿越楼层处为固定支承且排水支管在楼板之下接入时，伸缩节应设置于水流汇合管件之下，参见图中的（a）（c）。

（2）立管穿越楼层处为固定支承且排水支管在楼板之上接入时，伸缩节应设置于水流汇合管件之上，参见图中的（b）。

（3）立管穿越楼层处为不固定支承时，伸缩节应设置于水流汇合管件之上或之下，参见图中的（e）（f）。

（4）立管上无排水支管接入时，伸缩节可按伸缩节设计间距置于楼层任何部位，参见图中的（d）（g）。

（5）横管上伸缩节应设于水流汇合管件上游端。

（6）立管穿越楼层处为固定支承时，伸缩节不得固定；伸缩节固定支承时，立管穿越楼层处不得固定。

（7）伸缩节插口应顺水流方向。

（8）埋地或埋设于墙体，混凝土柱体内的管道不应设置伸缩节。

（9）横管伸缩节应采用锁紧式橡胶圈管件；当管径大于或等于160mm时，横干管宜采用弹性橡胶密封圈连接形式（见下两图）。

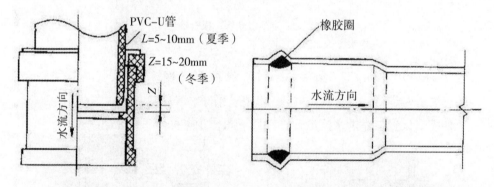

锁紧式橡胶圈伸缩节大样图　　　　弹性橡胶密封圈伸缩节大样图

管道安装时，应根据设计要求设置安装管道支、吊架，并与管道接触紧密无间隙。若采用金属管卡时，管卡与管道之间应填塑料带或橡胶带。管道支撑件的间距，立管管径为50mm的，不得大于1.2m；管径大于或等于75mm的，不得大于2m。

高层建筑中，立管明设且其管径大于或等于110mm时，在立管穿楼层处，以及管径大于或等于110mm的明敷排水横支管接入管井、管窿内的立管时，在穿越管井、管窿壁处均应采取防止火灾贯穿的措施。横干管当不可避免却需穿越防火分区隔墙和防火墙时，应在管道穿越墙体处两侧采取防火灾贯穿措施。（详见下三图）。

防火套管、阻火圈等的耐火极限不宜小于管道贯穿部位的建筑构件的耐火极限。防火套管宜采用无机耐火材料和化学阻燃剂制作，阻火圈宜采用阻燃膨胀剂制作，并应有消防主管部门签发的合格证明文件。

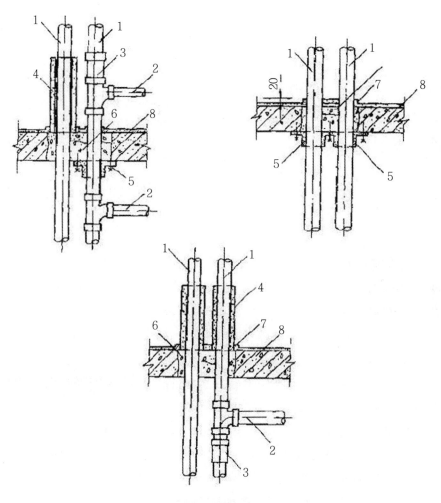

立管穿越楼层阻火圈、防火套管安装

1—PVC-U立管；2—PVC-U横支管；3—立管伸缩节；4—防火套管；5—阻火圈；

6—细石混凝土二次嵌缝；7—阻水圈；8—混凝土楼板

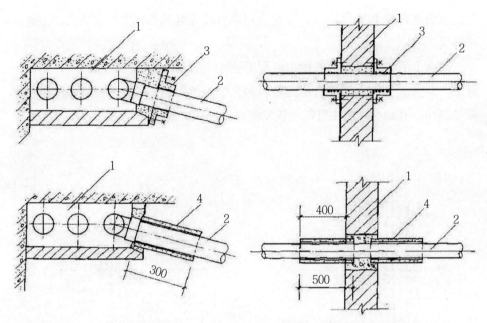

横支管接入管道井中立管阻火圈、防火套管安装　管道穿越防火分区隔墙阻火圈、防火套管安装
1—管道井；2—PVC–U横支管；3—阻火圈；　　1—墙体；2—PVC–U横管；3—阻火圈；
　　　　　　4—防火套管　　　　　　　　　　　　　　　4—防火套管

　　《建筑排水硬聚氯乙烯管道工程技术规程》（CJJ/T29）规定：UPVC排水立管宜每六层设一个检查口，而且在底层和在楼层转弯时应设检查口，当在最冷月年均气温低于–13℃的地区，在立管最高层离室内顶棚0.5m处增设检查口。

　　UPVC排水立管底部宜设支墩或采取固定措施。特别是在高层建筑中，在立管的底部应采取必要的加强处理。

　　UPVC排水管立管距灶边净距不得小于400mm，与供热管道的净距不得小于200mm，且不得因热辐射使管外壁温度高于40℃。

　　UPVC管立管穿越屋面混凝土层必须预埋金属套管，同时套管高出屋面不得小于100mm，再在其上做防水面层。管道和套管之间缝隙用防水胶泥等密封。

　　UPVC管胶黏剂属易燃品，必须远离火源，在冬季或寒冷地区施工中应采取防寒防冻措施，不得用明火或电炉等加热胶黏剂。

　　UPVC埋地管道的管沟底面应平整，无突出的尖硬物，宜设厚度为100~150mm砂垫层，垫层宽度不应小于管外径的2.5倍，管沟回填上应采用细土回填至管顶以上至少200mm，压实后再回填至设计标高。

　　UPVC管道或管件在粘接前应将承口内侧和插口外侧擦拭干净，无尘砂与水迹。当表面沾有油污时，应采用清洁剂擦净，管材应根据管件实测承口深度在管端表面划出插入深度标记；胶黏剂涂刷应先涂管件承口内侧，后涂管材插口外侧；插口涂刷应为管端至插入深度标记范围内；胶黏剂涂刷应迅速、均匀、适量、不得漏涂；承插口涂刷胶黏剂后，应立即找正方向将管子插入承口，施压使管端插入至预先划出的插入深度标记处，并再将管道旋转90°；管道承插过程不得用锤子击打，粘接后承插口的管段，应根据胶黏剂性能和气候的条件，静置至接口固化为止。

25.排水管上的检查口或清扫口的设置不当

错误：排水管上的检查口或清扫口的设置数量偏少，方向不当，不利检查和清扫，管子堵塞不便处理。

原因及防治措施：在生活污水管道上设置的检查口或清扫口应符合下列规定：

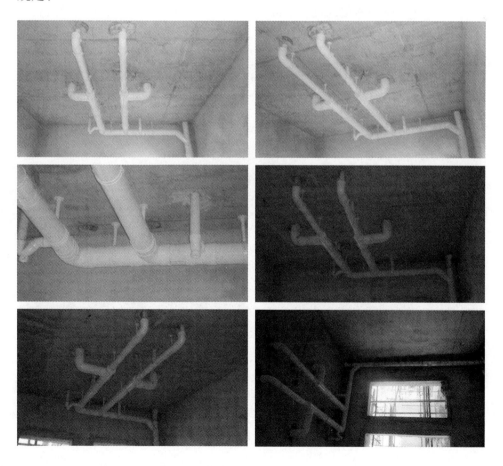

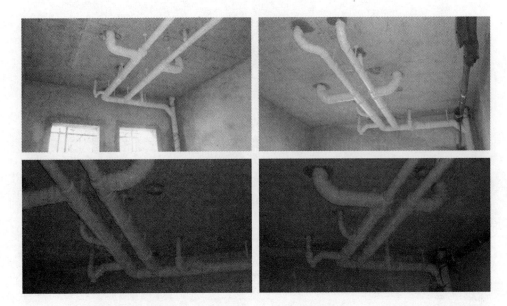

（1）立管应每两层设置一个检查口，但在最低层和有卫生器具最高层必须设置。如只有两层建筑，可仅在底层设置立管检查；如有乙字管，则在该层乙字管的上部设置检查口，其高度由地面至检查口中心一般为1m，允许偏差±20mm，并应当在该层卫生器具上边缘150mm，检查口的朝向应便于检修。暗装立管在检查口处应安检修门。

（2）在连接两个及两个以上大便器或三个及三个以上卫生器具的污水管处，应设置检查口或清扫口。

（3）在转角小于135°的污水横管上，应设置检查口或清扫口。

（4）埋设在地下或地板下的排水管道的检查口，应设在检查井内，井底表面标高应与检查口法兰相平，井底表面应有0.05坡度坡向检查口的法兰。

26.非金属排水管接口外壁不凿毛

错误： 钢丝网水泥砂浆及水泥砂浆抹带接口管口没有凿毛，在用水泥砂浆、沥青胶泥堵塞后，与抹带部分的管口粘接不牢，会造成渗漏。

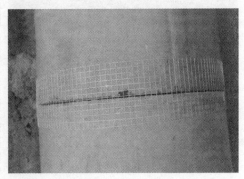

原因及防治措施： 管口抹带时，应将管口外壁凿毛、洗净，当管径小于或等于400mm时，水泥砂浆抹带可

一次抹成，当管径大于400mm时，应分两层抹成。

27.卫生器具安装不符合要求

错误：卫生器具安装不符合要求。

原因及防治措施：

（1）固定用的螺栓或木砖必须刷好防腐油，在墙上按核对好的位置预埋平整、牢固。严禁采用后凿墙洞再埋螺栓或填木砖、木塞法固定。

（2）卫生器具安装前，应把该部分墙、地面找平，并在墙体划出该器具的上沿水平线和十字交叉中心线，再将卫生器具用水平尺找平后安装；固定用的膨胀螺栓、六角螺栓规格应符合国家标准图的规定，并垫上铁垫或橡胶垫，用螺母拧紧牢固。

（3）安装卫生器具的支托架结构、尺寸应符合国家标准图集要求，有足够刚度和稳定性；器具与支托架间空隙用白水泥砂浆填补饱满、牢固，并抹平正。

（4）在轻质墙上安装固定卫生器具时，尽量采用落地式支架安装，必须在墙上固定时，应用铁件固定或用螺栓锚固。

（5）大便器排水管甩口施工后，应及时封堵，存水弯、丝堵应后安装。

（6）排水管承口内抹油灰不宜过多，不得将油灰丢入排水管内，并将溢出接口内外的油灰随即清理干净。

（7）防止土建施工厕所或冲洗时将砂浆、灰浆流入、落入大便器排水管内。

（8）大便器安装后，随即将出水口堵好，把大便器覆盖保护好。

（9）用胶皮碗反复抽吸大便器出水口；或打开蹲式大便器存水弯、丝堵或检查孔，把杂物取出；也可打开排水管检查口或清扫口，敲打堵塞部位，用竹片或疏通器、钢丝疏通。

（10）安装前对低水箱、坐便器、冲洗管、橡皮垫等进行检查，挑选合格品安装。

（11）按坐便器实际尺寸，留准排水管甩口，高出地面10mm。先安装大便器，使大便器出口与甩口对准，用油灰连接紧密，并用水平尺找平，使大便器进口中心与水箱出口中心成一直线，挂好线、量好尺寸，将水箱、冲洗管与大便器连接紧密。

（12）坐便器安装好后，其底部间隙用玻璃胶密封，或底部使用橡胶垫，并将排出口堵好。

（13）冲洗管接口偏斜应拆除后重新挂线，水箱上口水平，其中心与大便器中心成一直线，重新安装；锁紧螺母滑丝，橡胶垫、冲洗管有裂纹，应更换新材料；排水管甩口偏离或高度不够，要剔开接口调整管位和管长，重新用油灰做好接口。

（14）浴盆溢水、排水连接位置和尺寸，应根据浴盆或样品确定，量好各部尺寸再下料，排水横管坡向室内排水管甩口。

（15）浴盆及配管应按样板卫生间的浴盆质量和尺寸进行安装。

（16）浴盆排水栓及溢、排水管接头要用橡皮垫、锁母拧紧，浴盆排水管接至存水弯或多用排水器短管内应有足够的深度，并用油灰将接口打紧抹平。

（17）浴盆挡墙砌筑前，灌水试验必须符合要求。

（18）浴盆安装后，排水栓应临时封堵，并覆盖浴盆，防止杂物进入。

（19）溢水管、排水管或排水栓等接口漏水，应打开浴盆检查门或排水栓接口，修理漏点；若堵塞，应从排水管存水弯检查口（孔）或排水栓口清通；盆底积水，应将浴盆底部抬高，加大浴盆排水坡度，用沙子把凹陷部位填平，排尽盆底积水。

28.管道穿墙或楼板处不符合规定

错误：管道穿墙或楼板处不符合规定。

原因及防治措施：采暖、供热管道从门窗或其他洞口、梁、柱、墙、垛等处绕过，其转角处如高于或低于管道水平走向，在其最高点或最低点应分别安装排气和泄水装置，管道穿过墙壁和楼板，应设置铁皮或钢制套管。安装在楼板内的套管，其顶部应高出地面20mm，底部应与楼板底面顶棚相平齐；安装在墙壁内的套管，其套管两端应与饰面平齐，套管固定牢固，与楼板洞、墙洞密封，管口齐平，环缝均匀。

29.消防管道安装不符合要求

错误：

（1）水泵进水管上没有装有Y型过滤器，或Y型过滤器没有水平安装，其清扫口没有垂直向下（和稳压泵进水管安装相同）。

（2）水泵进水管上没有安装真空表。

（3）水泵出水管上没有安装多功能水泵控制阀和蝶阀，在两阀门之间没有安装压力表和DN65试水管。

原因及防治措施：

（1）施工前应熟悉施工图、有关技术要求和验收标准，各类管道安装的施工方法与技术要领；编制详细的施工方案，指导施工；建立施工质量保证体系，控制施工过程中各道工序质量，从而保证管道工程施工达到设计与验收规范要求。

（2）管道切割：镀锌钢管的切割应采用砂轮切割机切断；无缝钢管当管径大于DN80时，可采用氧乙炔气体切割，管道断口应平整、无毛刺等缺陷，并用角向砂轮打磨光洁，清除氧化物。

（3）管道进行预制前，需对管口的平整度进行检查，平整度须符合规范要求。

（4）管道穿墙或楼板时应加设套管，管道与套管间的间隙应填塞柔性不燃材料。

（5）支架安装：垂直安装的总（干）管，其下端应设置承重固定支架，上部末端设置防晃支架固定。管道的干管三通与管道弯头处应加设支架固定，管道支吊架应固定牢固。喷淋管道支吊架的间距不应大于表1-22。

表1-22　喷淋管道支吊架的间距

公称直径（mm）	DN25	DN32	DN40	DN50	DN70	DN80	DN100	DN150
喷淋管道最大间距（m）	3.5	4.0	4.5	5.0	6.0	6.0	6.5	8.0

（6）喷淋系统管道支吊架安装时，支吊架与喷嘴间距不宜小于300mm，与末端喷嘴间距不宜大于750mm。配水支管上每一直管段相邻两喷嘴间至少设置一只支吊架，喷淋及气体灭火系统管道的防晃支架的设置。当管径大于等于DN50时，每段管道至少应设置一个防晃支架，当管道改变方向时应加置一个防晃支架。

（7）消防系统供水设备、泄压阀、报警阀、水流阀、监控阀、实验阀等的安装，必须严格按照《自动灭火系统施工和验收规范》（GB50261—2005）要求和设计要求施工。

（8）管道的三通、接口与弯头等管件应避开支架、墙壁与楼板。管道的加工预制应集中在加工棚平台内，严格控制加工质量，发现问题及时整改调整，以确保管道预制加工、安装的质量处于受控状态。

（9）为确保喷淋管路安装的美观（管道横平竖直，凡是均匀分布的喷头均分布均匀并在同一水平线上），施工过程中应注意以下几点：

1）材料的保证：保证管子的直度及同心度，配件端正且无偏丝现象。

2）管路施工的保证：为了确保预制质量，对丝接的管件质量从严把关，不合格品严禁使用。在预制好后，还要检查三通、弯头的方向是否在同一方向上，而且其中心线连线要和管道中心线平行，如有歪斜（或偏差），属于管件内螺纹质量问题的要重新更换，属于组装紧固未到位的要进行重新处理，最终保证将来与装修配合安装喷头立支管时不致有歪斜或喷头不在同一条直线上的现象。

3）喷淋管路施工。

①首先对喷淋主管进行安装，安装时确保成一直线主管的同心度，随时对管路进行校直，确保直线。支管的安装在主管试压合格后进行，对纵向在一条直线的喷头连接管路进行统一下料、统一套丝、统一安装，而后再复核喷头是否成一线，如不成一线则及时调整，同时确保施工的质量。喷淋系统水平管要有0.002坡度坡向放水点。

②支管安装时先对管段进行编号，统一下料、统一套丝、统一安装，对先施工的最靠近主管的同一编号管段的三通口进行拉线，对有偏差的三通口的管段进行调整，偏差太大者，管道重新下料，以确保每一个喷淋头均在同一直线上。然后再进行下一编号的管段及连接件的安装，同时管道的支吊架的安装也做到纵向、横向成线。

4）喷头就位管的施工：下喷淋头的安装位置在满足规范要求的同时还应满足装饰的要求，因此为确保喷头最后安装位置的准确性，喷淋就位管的下料应根据喷淋头的平面位置及安装高度确定。喷头的定位准确是施工的关键，喷头的平面位置通过装饰给出的基准线在地面弹出；喷头的安装高度以丝口不露出装饰面为准，因此接下喷头的下降管的变径底部在吊顶完成面上10mm左右。

5）保证自喷系统正常运转的措施。为防止管道正常运转时产生晃动而妨碍喷头喷水效果，应以支吊架进行固定，如设计无要求按以下规定考虑。

①吊架与喷头的距离应不小于300mm，距末端喷头的距离不大于750mm。

②吊架应设置在相邻喷头间的管段上，相邻喷头间距不大于3.6m时可装设

一个；小于1.8m时可隔段设置。

（10）主要施工方法。

1）镀锌钢管丝扣连接。

①消防系统管道小于DN100采用镀锌钢管丝扣连接。管道安装时丝口应光滑、完整无断丝，丝口填料采用四氟乙烯生料带或白漆麻丝，管道一次装紧，丝口外露部分应涂刷防锈漆加以保护，丝口填料不得进入管道。

②管道螺纹连接采用电动套丝机进行加工，加工次数为1~3次不等，螺纹的加工做到端正、清晰、完整光滑，不得有毛刺、断丝，缺丝总长度不得超过螺纹长度的10%。

③螺纹连接时，填料采用白厚漆麻丝或生料带并一次拧紧，不得回拧，紧后留有螺纹2~3圈。

④管道连接后，把挤到螺纹外面的填料清理干净，填料不得挤入管腔，以免阻塞管路，同时对裸露的螺纹进行防腐处理。

2）机械沟槽式刚性接口管道安装：消防系统管道大于等于DN100时，可采用无缝钢管镀锌沟槽式管配件连接。

①施工顺序：管材经检验合格后，先做好管道镀锌加工检验，然后按照管道的预制加工单线图，进行管道的下料、压槽预制；同时按管道的坐标、标高、走向，进行管道的支（吊）架预制加工、安装；待已加工预制的管道检验合格后，即可投入管道安装。

②管道的沟槽加工：利用电动机械压槽机加工，管道压槽预制时，应根据管道口径大小配置（调正）相应的压槽模具，同时调正好管道滚动托架的高度，保持被加工管道的水平，并与电动机械压槽机中心对直，保证管道加工时旋转平稳，确保沟槽加工质量。

③管端检查：管道的沟槽压制加工后，应严格检查沟槽加工的深度与宽度必须符合要求，管端与沟槽外部必须无划痕、凸起或滚轮的印记等缺陷，保证管道的密封性能；同时应对管道内壁沟槽挤压加工部位，涂刷防锈漆加以保护。

④管道组对、夹箍的衬垫检查与润滑：管道在组对安装前，应检查使用的夹箍衬垫的型号、规格必须符合设计和产品要求；夹箍的衬垫安装时，应在衬垫的凸缘和外侧涂抹薄层润滑剂，再将衬垫套在一侧管道上，保证衬垫不伸出管端，待另一侧管道对口到位后，将衬垫安装到位，衬垫不应延伸到任何一个

槽中。

⑤管道的夹箍外壳安装：管道及管件在组对安装前，也应检查使用的夹箍外壳的型号、规格必须符合设计和产品要求。夹箍外壳安装时应先拆下夹箍外壳上其中一端的一只螺栓，然后套在管道上衬垫的外面，移动夹箍外壳，使夹箍外壳的两条筋与沟槽吻合。再插入螺栓定位，待检查管道安装的同心度或管道的三通、弯头与阀类安装、开启方向均符合设计施工图要求时，方可轮流、均匀地上紧两侧螺栓，确保管道的夹箍外壳两条筋与管道沟槽均匀、紧密接触，从而保证其管道夹箍接口的密封性、刚度与强度达到设计和产品技术要求。

⑥管道夹箍式"机械三通"安装：在管道安装到位后，根据施工图设置的坐标位置现场定位，并采用专用配套的电动机械钻孔机钻孔（选用专用配套钻头），其孔径应比"机械三通"的"定向器"安装环稍大一点；"机械三通"安装时，应检查其产品规格、尺寸是否符合产品设计要求。安装"定向器"与安装环时，应确保与开孔口对准，安装定位后，应均匀带紧两侧螺栓，使"机械三通"与管道紧密、均匀地结合，保证"机械三通"的接口部位的严密性、刚度与强度。

⑦管道的加工预制：管道的加工预制应集中在加工棚（平台）内，并根据施工图和经现场测绘后绘制的单线图进行预制加工；严格控制加工预制质量，不定期地对已加工的管道进行抽样检验与试压检验，发现问题及时整改调整，以确保管道预制加工、安装的质量处于受控状态。

⑧管道与阀门、设备间的法兰连接：管道与设备连接时，宜采用短管先进行法兰连接，定位焊接成形后经镀锌加工再安装到位，然后再与系统管道连接。

3）消防箱和消火栓的安装。

①消火栓箱安装：对消火栓箱的安装要求同卫生洁具安装的要求，要求做到稳、准、牢。同时在箱体具体安装过程中，应根据消火栓箱的布置，选择合适开启方向门的箱体。

②消火栓箱附件安装前，对箱体表面和消防箱门玻璃要逐个擦拭干净，麻织带和水枪按照设计或标准图集要求堆放好。

③室内消火栓安装，其位置应符合设计要求。未经设计同意，不得擅自改动。

46

④室内消火栓。其栓口应朝外，且不应与门框相碰。阀门中心距地面为1.1m，距箱侧面为140mm，距箱后内表面为100mm。

⑤消火栓水龙带与快速接头连接，应用专门夹头，并根据箱内构造将水龙带挂在箱内的挂钩或水龙带盘上。

⑥消火栓必须密封严实，不得有渗漏，且开启容易。

4）喷淋头的安装。

①喷淋立支管安装时，要密切注意装饰单位的施工进度，在业主和监理的领导下，做好与装饰单位的协调配合，对立支管安装后的试压工作，考虑两种准备，一是装饰的吊顶与龙骨之间的施工间隙长，我们采取立支管安装完毕，即进行水压试验，试验结束，再配合装饰安装喷头；另一是装饰的工序之间间隔时间很短，则采取立支管安装结束，即配合装饰安装喷头，每个区域安装结束，用气压进行试验，试验合格，方可系统试验。

②自动喷淋头的型号、规格应符合设计之规定，并附有产品合格证。

③喷淋头的数量应严格按设计要求设置，未经设计同意不得擅自改动。

④在方向一致、标高相称的场所安装喷淋头时，宜用一根直线固定在最前与最后的两只喷间，然后安装中间部分，保证其美观性。

5）报警阀组安装。

①报警阀的铭牌、规格、型号应符合设计图纸要求。

②报警阀组合体配件完好齐全；阀瓣启闭灵活，密封性好，阀体内清洁无异物堵塞。

③报警阀安装应先安装主阀体与消防立管的连接，并保持水流方向一致，再进行报警阀辅助管道的连接。报警阀应安装在明显而便于操作的地点，距地面高度一般为1m左右。两侧距墙不小于0.5m，正面距墙1.2m。

6）阀门的安装施工。

①阀门安装前按设计要求，检查其种类、规格、型号及质量，阀杆不得弯曲，按规定对阀门进行试压，对于安装在主干管上起切断作用的闭路阀门，应逐个作强度和严密性试验。强度和严密性试验压力应为阀门出厂规定之压力。并做好阀门试验记录。检验是否泄漏。

②阀门安装的位置除施工图注明尺寸外，一般就现场情况，做到不妨碍设备的操作和维修，同时也便于阀门自身的拆装和检修。

③水平管道上的阀门安装位置应尽量保证手轮朝上或者倾斜45°或者水平

安装，不得朝下安装。

④法兰阀门与管道一起安装时，可将一端管道上的法兰焊好，并将法兰紧固好一起吊装；另一端法兰为活口，待两边管道法兰调整好，再将法兰盘与管道点焊定位，并取下焊好，镀锌后再将管道法兰与阀门法兰进行连接。

⑤阀门法兰盘与钢管法兰盘平行，一般误差应小于2mm，法兰螺栓应对称上紧，选择适合介质参数的垫片置于两法兰盘的中心密合面上，注意放正，然后沿对角先上紧螺栓，最后全面上紧所有螺栓。

⑥大型阀门吊装时，应将绳索拴在阀体上，不准将绳索系在阀杆、手轮上。安装阀门时注意介质的流向，截止阀及止回阀不允许反装。

⑦螺纹式阀门，要保持螺纹完整，加入填料后螺纹应有3扣的预留量，紧靠阀门的出口端装有活接，以便拆修。

⑧螺纹式法兰连接的阀门，必须在关闭情况下进行安装，同时根据介质流向确定阀门安装方向。

7）系统试压

管系统安装完成后，应对系统进行试压（隐蔽工程在隐蔽前应先试压，并经建设单位代表或监理工程师认可）。

①消防喷淋系统，当工作压力等于或小于1.0MPa时，水压强度试验压力应为设计工作压力的1.5倍，并不低于1.4MPa；当系统设计压力大于1.0MPa时，水压强度试验压力应为该工作压力加0.4MPa，

②水压强度试验的测试点设在管网的最低点。对管网注水时，应先将管网内的空气排净，并缓缓升压。达到试验压力后，稳压30分钟，目测管网，应无泄漏和无变形，且压力降不应大于0.05MPa。

③水压强度试验和管网冲洗合格后进行水压严密性试验。试验压力为设计工作压力，稳压24小时，无泄漏为合格。

30.蒸汽管道安装不合格

错误：

（1）管道安装坡度不够或倒坡。

（2）系统不热。

（3）立管不垂直。

（4）附属装置不平整。

（5）套管在过墙两侧或顶板下外露。

（6）试压及调试时，管道被堵塞。

原因及防治措施：

（1）管子、管件、管道附件、阀门质量的检验。管子、管件、管道附件及阀门必须具有制造厂的合格证明书，证明书上的规格、材质及技术参数应符合现行国家或行业技术标准。外观表面质量要求如下：

①无裂纹、缩孔、夹渣、粘砂、折叠、重皮等缺陷。

②表面应光滑，不允许有尖锐划痕。

③凹陷深度不得超过1.5mm，凹陷最大尺寸不应大于管子周长的5%，且不大于40mm。对于合金钢管子、管件、管道附件及阀门，在安装前应逐件进行光谱复查，并做出材质标记。对于阀门应按10%的比例抽查进行严密性试验。阀门严密性试验应按1.25倍的公称压力进行水压试验，试验时间不少于10分钟，以阀瓣密封面不渗漏为合格。

（2）管道滑动、固定支架的制作与安装。管道滑动、固定支架的型式、材质、加工精度应符合设计图纸的规定。制作后应对焊缝进行外观检查，不允许漏焊、欠焊，焊缝及其热影响区不允许有裂纹或严重咬边等缺陷。焊接变形应予矫正。制作合格后的支架应在地面上进行防腐处理。滑动支架的工作面应平滑灵活，无卡涩现象，活动零件与其支撑件接触良好，确保自由膨胀。管道滑动、固定支架安装间距、安装高度应符合图纸要求。所有活动支架的活动部分均应裸露，不要被保温层覆盖。

（3）管道除锈及端部坡口制作。管道安装前应进行手工或机械除锈，除锈后及时喷刷一道红丹醇防锈漆，并按安装图纸要求制作管道对接坡口。管道单面坡口角度为30°~35°，钝边高度为1~2mm。

（4）主管道吊装、组对与焊接。该项工作进行前应具备下列条件:与管道有关的土建工程经检查合格，满足安装要求；与管道连接的设备找正合格、固定完毕；管子、管件、管道附件及阀门等已经检验合格，内部已清理完毕，无杂物。

管道安装采用组合件方式时，组合件应具有足够刚性，吊装后不应产生永久变形，临时固定应牢固可靠。

管子组合前，均应将管道内部清理干净，管内不得遗留任何杂物，并装设临时封堵。

管子对接焊缝位置应符合设计规定。否则应符合下列要求。

①焊缝位置距离弯管的弯曲起点不得小于管子外径或不小于100mm。

②管子两个对接焊缝间的距离不宜小于管子外径，且不小于150mm。

③支吊架管部位置不得与管子对接焊缝重合，焊缝距离支吊架边缘不得小于50mm。

④管子接口应避开疏、放水及仪表管等的开孔位置，距开孔边缘不应小于50mm，且不应小于孔径。

⑤管子在穿过隔墙、楼板时，其内的管段不得有接口。

管子和管件的坡口及内、外壁10~15mm范围内的油漆、垢、锈等，在对口前应清除干净，直至露出金属光泽。

管子对口时一般应平直，焊接角变形在距离接口中心200mm处测量，除特殊要求外，其折口的允许偏差a应为：管子DN<100mm，$a \not> 2$mm；管子DN≥100mm，$a \not> 3$mm。管子对口符合要求后，应垫置牢固。

管道冷拉必须符合设计规定。管道冷拉后，焊口应经检验合格。

管道坡度方向及坡度应符合设计要求。

管道安装的允许偏差值应符合表1-23要求。

表1-23　管道安装的允许偏差值应符合

项目			允许偏差（mm）
标格	架空	室内	< ±10
		室外	< ±15
	地沟	室内	< ±15
		室外	< ±15
	埋地		< ±20
水平管道弯曲度	DN≤100		1/1000且≤20
	DN>100		1.5/1000且≤20

注：1.DN为管子公称直径。

　2.管道安装工作如有间断，应及时封闭管口。

（5）主管道上放空及疏水装置的安装。安装疏、放水管时，接管座安装应符合设计规定。管道开孔应尽量采用钻孔。疏、放水管接入母管处应按介质流动方向稍有倾斜，疏、放水管布线应短捷，且不影响运行通道和其他设备的操作。有热膨胀的管道应采取必要的补偿措施。所有立管铅垂度≤2/1000且≤15。

（6）阀门和法兰的安装。阀门安装前应清理干净，保持关闭状态，并严格按介质流向确定其安装方向。阀门的手轮不宜朝下，且便于操作及检修。所有阀门应连接自然，不得强力对接。

法兰安装时应保持法兰间的平行，其偏差不大于2mm，不得用强紧螺栓的方法消除歪斜。法兰平面应与管子轴线相垂直。连接时应使用同一规格的螺栓，螺栓应对称分布、松紧适度。连接紧固件的材质、规格、型式等应符合设计要求。

（7）焊缝的质量要求。

1）焊接过程中，环境温度低于0℃时，焊件应在施焊处100mm范围内预热到手触温度（约15℃）。

2）焊缝及热影响区表面不得有裂纹、气孔、咬边、未熔合、夹渣等现象，焊缝表面应平整、圆滑。

3）焊缝外形尺寸：焊缝余高0.5～1mm。

（8）无损检测。管道焊接完工后应及时进行管道的无损检测工作。无损检测应在焊口除去渣皮、飞溅及表面清理干净的情况下进行。按照《承压设备无损检测》（JB/T4730）进行抽样射线照相检验，抽样比例为5%，其质量不低于Ⅲ级。

当检验发现焊缝缺陷超出标准时，必须进行返修，焊缝返修后应按规定方法重新进行检验，直至合格。

（9）水压试验。管道安装完毕，无损检测合格后，应进行压力试验。压力试验应以液体水为试压介质。当进行压力试验时应划定禁区，无关人员不得进入。建设单位应参加压力试验，压力试验合格后应及时进行施工记录会签。

压力试验时管道上的膨胀节已设置临时约束装置。

试验用压力表已经校验，并在周期内，其精度不得低于1.5级，压力表量程为最大压力的1.5~2倍，压力表不得少于两块，待试压管道与无关系统已用盲板或采取其他措施隔开。试压管道上的安全阀及仪表元件已经拆下或加以隔离。试验方案已经批准。

试验前，应排尽系统空气，环境温度不得低于5℃，当环境温度低于5℃时应采取防冻措施。

液压试验应缓慢进行，待达到试验压力后，稳压10分钟，再将试验压力降至设计压力（1.25MPa），停压30分钟，以压力不降、无渗漏为合格。试验结束后，应及时擦除盲板、膨胀节的限位设施，排尽积液。

当试验中发现泄漏时，不得带压处理。缺陷消除后，应重新进行压力试验，直至合格。

（10）管道的油漆与保温。管道在组装前先刷一道红丹醇防锈漆，焊接完工，水压试验合格后即可进行管道的保温工作。本管道内部采用岩棉管保温，岩棉管厚度为80mm，铁丝捆扎，其外部采用厚度为0.3～0.5mm的镀锌铁皮，铆钉连接，美观大方。

31.水泵连接的地方没有软节头

错误：

（1）水泵连接的地方没有软节头。

（2）水泵没有减震。

（3）基础不合格。

原因及防治措施：

（1）安装步骤以及注意事项。

1）安装时安全阀及止回阀请按阀体箭头方向安装，避免水流不通。

2）小型热泵机组接管时，用管钳固定接头，旋转进出水管，禁止接头直接承受旋转扭力。

3）自来水供水管和循环水管必须满足所有机组运行所需要的最大水量。

4）Y型过滤器和检修保温应做成可拆卸式，方便系统冲洗和维修拆卸。

5）机组的循环水口不得高于水箱循环水口；循环管路最高点不得高于水箱循环口。

6）水箱用户端供水口必须要高于水箱循环加热水口100mm以上。

7）设备和管路安装完毕，开启机组（水箱有足够水）试运行30分钟后，对过滤器进行清洗，再重复以上步骤，直达过滤器无脏物为止。

8）储水箱如果安装在楼顶，应安装避雷针，以防雷击。

9）将热泵热水器和保温水箱的电源和感温连接线按线路图连接。

（2）主机。

1）主机可安装于地面、屋顶、阳台、专用平台，或其他任何便于安装并可承受主机运行重量的地方。

2）选择通风良好、排气顺畅的安装场所，不应安装密闭的空间内，以免影响主机从空气中取热。

3）勿将主机安装在有污染、灰尘大的地方。

4）主机周围应无强热源及其他设备的排气口，无腐蚀性和可燃性气体。

5）室外主机与四周墙壁或其他放置物体之间的距离不得小于以下尺寸：顶部空间不小于1000mm、铜管连接侧不小于800mm、另一侧距离不小于500mm。

6）主机置于屋顶时应注意风向，避免主机排风方向直接顶风，并应有良好的防雷措施。

7）主机如果落地安装，应尽量避开强风口，必须做200mm高度以上的安装地基，并确保水平安装。主机与基础之间加10~20mm的橡胶减震垫。

8）主机应安装于离电源、水源较近的地方，以便于配线和布管。

9）主机箱与热水箱尽量靠近，距离不宜大于5m，主机与加热水箱的高度差不得大于其机外扬程。

10）主机附近应有落水管用于排放工作过程中产生的冷凝水。

11）主机附近应预置有与主机功率相匹配的独立插座。

（3）控制器。

1）操作面板应安装在易观察操作的地方，不宜安装在潮湿的地方。

2）控制线路用穿线管预埋至主机边。

（4）水箱。

1）水箱可安装在平屋顶、地面等位置，应尽可能安装在靠近用水点及热泵主机的位置，以减少管路热损失，同时要安装在可排水的地方。

2）水箱采用的是先进的聚氨酯发泡保温技术，但考虑到热量微小散失，还是应尽可能放置在室内不通风的位置最佳。

3）水箱必须坐地式直立安装，安装基础必须坚实牢固，承重能力应大于水箱运行重量的两倍。严禁挂墙安装。

4）因为主机配置的循环水泵不具备吸程，所以水箱的安装位置不要低于室外主机，但考虑到扬程有限，水箱也不能高出主机水泵的扬程。

5）水箱周围应留大于600mm的安装维修空间。

（5）连接水路。

1）安装循环加热管道。将水箱的循环出水口与主机的循环进水口用PPR管或铝塑管相连接，主机的循环出水口与水箱的循环进水口相连接，之间必须安装排气阀而且机组的进水管需要安装Y型过滤器。

2）管道布置应合理，尽量减少连接管道长度和不必要的弯曲，减少水系统的压力及热量损失，各水管及接头应作良好的保温处理，以免热量的损失，导致主机的功耗增加。

3）如水箱与主机之间有墙，须在墙上开 ϕ 70的管道，孔应稍微向外侧倾斜并在两侧套上穿墙护套。

32.管道及设备保温不合格

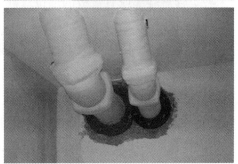

错误：

（1）保温材料使用不当、交底不清、做法不明。

（2）保温层厚度不按设计要求规定施工。

（3）表面粗糙不美观。

（4）空鼓、松动不严密。

原因及防治措施：

（1）保温层施工。

1）保温固定、支承件的设置：垂直管道和设备每隔一段距离须设保温层承重环（或抱箍），其宽度为保温层厚度的2/3。钉子用于固定保温层时，间隔250～350mm；用于固定金属外保护层时，间隔500～1000mm；并使每张金属板端头不少于2个钉子，采用支承圈固定金属外保护层时，每道支承圈间隔为1200～2000mm，并使每张金属板有两道支承圈。

2）管壳用于小于DN350管道的保温，选用的管壳内径应与管道外径一致。施工时，张开管壳切口部套于管道上。水平管道保温时，切口位于管道的侧下方。对于有复合处保温层的管壳，应拆开切口部搭头内侧的防护纸，将搭接头按压贴平。相邻两段管壳要靠紧，缝隙处用压敏胶带粘贴。对于无外保护层的管壳可用镀锌铁丝或塑料绳捆扎，每段管壳捆2～3道。

3）板材用于平壁或大曲面设备保温。施工时，棉板应紧贴于设备外壁，曲面设备需将棉板的两板接缝切成斜口拼接，通常采用销钉套自锁紧板固定。对于不宜焊销钉的设备，可用钢带捆扎，间距为每块棉板不少于两道，拐角处要用镀锌铁皮包角后捆扎。

4）当保温层厚度超过80mm时，应分层保温，双层或多层保冷层应错缝敷设，分层捆扎。

5）设备及管道支座、吊架以及法兰、阀门、人孔等部位，在整体保温时，预留一定装卸间隙，待整体保温及保护层施工完毕后，再作局部保温处理。并注意施工完毕的保温结构不得妨碍活动支架的滑动。

6）保温棉毡、垫的保温厚度和密度应均匀，外形应规整，经压实捆扎后的容重必须符合设计规定的安装容重。

7）管道端部或有盲板的部位应敷设保温层，并应密封。除设计指明按管束保温的管道外，其余均应单独进行保温。施工后的保温层，不得遮盖设备铭牌。如将铭牌周围的保温层切割成喇叭形开口，开口处应密封规整。

8）方形设备或方形管道四角的保温层采用保温制品敷设时，其四角角缝应做成封盖式搭缝，不得形成垂直通缝。

9）水平管道的纵向接缝位置，不得布置在管道垂直中心线45°范围内，当采用大管径的多块成型绝热制品时，保温层的纵向接缝位置可不受此限制，但应偏离管道重中心线位置。

10）保温制品的拼缝宽度，一般不得大于5mm，且施工时需注意错缝。当使用两层以上的保温制品时，不仅同层应错缝，而且里外层应压缝，其搭接长度不宜小于50mm。当外层管壳绝热层采用黏胶带封缝时，可不错缝。

11）钩钉或销钉的安装，一般采用专用钩钉、销钉。也可用$\phi 3\sim\phi 6mm$的镀锌铁丝或低碳圆钢制作，直接焊在碳钢制设备或管道上，其间距不应大于350mm。单位面积上钩钉或销钉数：侧部不应少于6个/平方米，底部不应少于8个/平方米。焊接钩钉或销钉时，应先用粉线在设备、管道壁上错行，或对行划出每个钩钉或销钉的位置。

12）支承件的安装，对于支承件的材质，应根据设备或管道材质确定，宜采用普通碳钢板或型钢制作。支承件不得设在有附件的位置上，环面应水平设置，各托架筋板之间安装误差不应大于10mm。当不允许直接焊于设备上时，应采用抱箍型支承件。

13）支承件制作的宽度应小于保温层厚度10mm，但不得小于20mm。立式设备和公称直径大于100mm的垂直管道支承件的安装间距，应视保温材料松散程度而定。

14）壁上有加强筋板的方形设备和风道的保温层，应利用其加强筋板代替支承件，也可在加强筋板边沿上加焊弯沟。

15）直接焊于不锈钢设备或管道上的固定件，必须采用不锈钢制作。当固定件采用碳钢制作时，应加焊不锈钢垫板。抱箍式固定件与设备或管道之间，在介质温度高于2000℃，及设备或管道系非铁素体碳钢材时应设置石棉板等隔垫。

16）设备振动部位的保温施工：当壳体上已设有固定螺杆时，螺母上紧丝扣后点焊加固；对于设备封头固定件的安装，采用焊接时，可在封头与筒体相交的切点处焊设支承环，并应在支承环上断续焊设固定环；当设备不允许焊接时，支承环应改为抱箍型。多层保温层应采用不锈钢制的活动环、固定环和钢带。

17）立式设备或垂直管道的保温层采用半硬质保温制品施工时，应从支承件开始，自下而上拼砌，并用镀锌铁丝或包装钢带进行环向捆扎；当卧式设备有托架时，保温层应从拖架开始拼砌，并用镀锌铁丝网状捆扎。当采用抹面保护层时，应包扎镀锌铁丝网、公称直径小于等于100mm、未装设固定件的垂直管道，应用8号镀锌铁丝在管壁上拧成扭瓣箍环，利用扭瓣索挂镀锌铁丝固定保温层。

18）敷设异径管的保温层时，应将保温制品加工成扇形块，并应采用环状或网状捆扎，其捆扎铁丝应与大直径管段的捆扎铁丝纵向连接。

19）当弯头部位保温层无成型制品时，应将普通直管壳截断，加工敷设成虾米腰状。DN≤70mm的管道、或因弯管半径小不易加工成虾米腰时，可采用保温棉毡、垫绑扎。封头保温层的施工，应将制品板按封头尺寸加工成扇形块，错缝敷设。捆扎材料一端应系在活动环上，另一端应系在切点位置的固定环或托架上，捆扎成辐射形扎紧条。必要时，可在扎紧条间扎上环状拉条，环状拉条应与扎紧条呈十字扭结扎紧。当封头保温层为双层结构时，应分层捆扎。

20）伴热管管道保温层的施工，应符合下列规定：直管段每隔1.0~1.5m应用镀锌铁丝捆扎牢固。当无防止局部过热要求时，主管和伴热管可直接捆扎在一起；否则主管和伴热管之间必须设置石棉垫。在采用棉毡、垫保温层时，应先用镀锌铁丝网包裹并扎紧。不得将加热空间堵塞，然后再进行保温。

（2）保护层施工。

1）金属保护层。

①金属保护层常用镀锌薄钢板或铝合金板。当采用普通钢板时，其里外表面必须涂敷防锈涂料。

②安装前，金属板两边先压出两道半圆凸缘。对于设备保温，为加强金属板强度，可在每张金属板对角线上压两条交叉筋线。

③垂直方向保温施工：将相邻两张金属板的半圆凸缘重叠搭接，自下而上，上层板压下层板，搭接50mm。当采用销钉固定时，用木槌对准销钉将薄板打穿，去除孔边小块渣皮，套上3mm厚胶垫，用自锁紧板套入压紧（或M6螺母拧紧）。当采用支撑圈、板固定时，板面重叠搭接处，尽可能对准支撑圈、板，先用ϕ3.6mm钻头钻孔，再用自攻螺钉M4×15紧固。

④水平管道的保温，可直接将金属板卷合在保温层外，按管道坡向，自下而上施工；两板环向半圆凸缘重叠，纵向搭口向下，搭接处重叠50mm。

⑤搭接处先用ϕ4mm（或ϕ3.6mm）钻头钻孔，再用抽芯铆钉或自攻螺钉固定，铆或螺钉间距为150～200mm。

⑥考虑设备及管道运行受热膨胀位移，金属保护层应在伸缩方向留适当活动搭口。

⑦在露天或潮湿环境中的保温设备和管道与其附件的金属保护层，必须按规定嵌填密封剂或在接缝处包缠密封带。

⑧在已安装的金属护壳上，严禁踩踏或堆放物品。当不可避免时，应采取临时防护措施。

2）复合保护层。

①油毡：用于潮湿环境下的管道及小型筒体设备保温外保护层，可直接卷铺在保温层外，垂直方向由低向高处敷设，环向搭接用沥青黏合，水平管道纵向搭缝向下，均搭接50mm，然后用镀锌铁丝或钢带扎紧，间距为200～400mm。

②CPU卷材：用于潮湿环境下的管道及小型筒体设备保温外保护层。可直接卷铺在保冷层外，由低处向高处敷设；管道环、纵向接缝的搭接宽度均为50mm，可用订书机直接钉上，缝口用CPU涂料粘住。

③玻璃布：以螺纹状紧缠在保温层（或油毡、CPU卷材）外，前后均搭接50mm。由低处向高处施工，布带两端及每隔3m用镀锌铁丝或钢带捆扎。

④复合铝箔（牛皮纸夹筋铝箔、玻璃布铝箔等）：可直接敷设在除棉、缝毡以外的平整保温层外，接缝处用压敏胶带粘贴。

⑤玻璃布乳化沥青涂层：在缠好的玻璃布外表面涂刷乳化沥青，每道用量 2~3kg/m²。一般涂刷两道，第二道须在第一道干燥后进行。

⑥玻璃钢：在缠好的玻璃布外表面涂刷不饱和聚酯树脂，每道用量 1~2kg/m²。

⑦玻璃钢、铝箔玻璃钢薄板：施工方法同金属保护层，但不压半圆凸缘及折线。环、纵向搭接30~50mm，搭接处可用抽芯铆钉或自攻螺钉紧固，接缝处宜用黏合剂密封。

（3）抹面保护层。

1）抹面保护层的灰浆，应符合下列规定：

①容重不得大于1000kg/m³。

②抗压强度不得小于0.8MPa（80kg/cm²）。

③烧失量（包括有机物和可燃物）不得大于12%。

④干烧后（冷状态下）不得产生裂缝、脱壳现象。

⑤不得对金属产生腐蚀。

2）露天保温结构，不得采用抹面保护层。当必须采用时，应在抹面层上包缠毡、箔或布类保护层，并应在包缠层表面涂敷防水、耐候性的涂料。

3）抹面保护层未硬化前，应防雨淋水冲。当昼夜室外平均温度低于5℃，且最低于-3℃时，应按冬季施工方案，采取防寒措施。

4）大型设备抹面时，应在抹面保护层上留出纵横交错的方格形或环形伸缩缝。伸缩缝做成凹槽，其深度应为5~8mm，宽度应为8~12mm。

5）高温管道的抹面保护层和铁丝网的断缝，应与保温层的伸缩缝留在同一部位，缝内填充毡、棉材料。室外的高温管道，应在伸缩缝部位加金属护壳。

（4）使用化工材料或涂层时，应向有关生产厂家索取性能及使用说明书。在有防火要求时，应选用具有自熄性的涂层和嵌缝材料。

（5）在有防火要求的场所，管道和设备外应涂防火漆二道。

（6）油漆。对于玻璃布、镀锌钢板等外保护层，可根据设计或环境需要，涂刷各色油漆，用以防护或作识别标记。

33.散热器安装不规范

错误：

（1）散热器安装位置不一致。

（2）散热器对口的石棉橡胶垫过厚，衬垫外径突出对口表面。

（3）散热器安装不稳固。

（4）炉钩炉卡不牢不正。

（5）落地安装的柱型散热器腿片数量不对，位置不均。

（6）挂式散热器距地高度不正确。

（7）预留口和标高不准确，安装时困难。

原因及防治措施：

（1）干管安装按管道定位、画线（或挂线）支架安装、管子上架、接口连接、立管短管开孔焊接、水压试验、防腐保温等施工顺序进行。按施工草图，进行管段的加工预制，包括断管、套丝、上零件、调直、核对尺寸，按环路分组编号，码放整齐。

（2）安装卡架，按设计要求或规定间距安装，将在墙上画出的管道定位坡度线按照管中心与墙、柱的距离水平外移，挂线作为卡架安装的基准线。吊环按间距位置套在管上，再把管抬起穿上螺栓拧上螺母，将管固定。安装托架上的管道时，先把管就位在托架上，把第一节管装好U形卡，然后安装第二节管，以后各节管均照此进行，紧固好螺栓。

（3）干管安装应从进户或分支路点开始，装管前要检查管腔并通过拉扫（钢丝缠布）清理干净。在丝头处涂好铅油缠好麻，一人在末端扶平管道，用管钳咬住前节管件，用另一把管钳转动管至松紧适度，对准调直时的标记，要求丝扣外露2~3扣并清掉麻头，依此方法装完为止（管道穿过伸缩缝或过沟处，必须先穿好钢套管）。

（4）制作羊角弯时，应煨两个75°左右的弯头，在连接处锯出坡口，主管锯成鸭嘴形，拼好进行点焊、找平、找正、找直后，再进行施焊。羊角弯接合部位的口径必须与主管口径相等，其弯曲半径应为管径的2.5倍左右。干管过墙安装分路作法见下图。

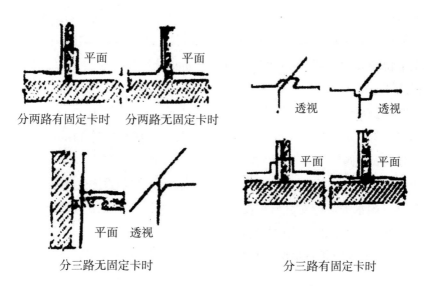

分两路有固定卡时　分两路无固定卡时

分三路无固定卡时　　　　　　　分三路有固定卡时

干管过墙安装分路作法

（5）干管。住宅工程室内采暖干管安装不应使用油任连接，如设计要求必须设置可拆连接件时，应用法兰连接。

室内采暖管道变径不应使用补心变径，应用异径管箍或按大小头焊口连接。水平干管应按排气管要求采用偏心变径，变径位置应距分支点小于300mm。

分路阀门离分路点不宜过远。如分路处是系统的最低点，必须在分路阀门前加泄水丝堵。住宅工程应把管道最高点及排气装置安排在厨厕内。集气罐的进出水口，应开在偏下约为罐高度1/3处。丝接应与管道连接调直后安装。其放风管应稳固，如不稳可装两个卡子，集气罐位于系统末端时，应设托、吊卡。自动排气阀或集气罐不允许设在居室、门厅和吊顶内。当装放风管时，应接至有排水设施的地漏或洗池中，放风阀门安装高度不低于2.2m，放风管距池底20mm，自动排气阀的进水端应装阀门。

（6）排气。采暖管道最高点或有可能集聚空气处应设排气装置。最低点或有可能存水处设泄水装置。住宅工程应把管道最高点及排气装置安排在厨房间，当装放风管时，应接至有排水设施的地漏或拖布池内。放风管阀门安装高度不低于2.2m，放风管口距池底或地漏20cm。

自动排气阀进水端应装阀门。自动排气阀或集气罐不允许设在居室、门厅和吊顶内。

采用焊接钢管，先把管子选好调直，清理好管腔，将管运到安装地点，安装程序从第一节开始；把管就位找正，对准管口使预留口方向准确；找直后点焊固定（管径≤50mm以下点焊2点，管径50mm以上点焊3点），然后施焊，焊后应保证管道正直。

（7）遇有伸缩器，应在预制时按规范要求做好预拉伸，并做好记录。按位置固定，与管道连接好。波纹伸缩器应按要求位置安装好导向支架和固定支架，并分别安装阀门、集气罐等附属设备。

（8）管道安装后，检查坐标、标高、预留口位置和管道变径等是否正确，然后找直，用水平尺校对复核坡度，调整合格后，再调整吊卡螺栓U形卡，使其松紧适度，平正一致，最后焊牢固定卡处的止动板。

（9）摆正或安装管道穿结构处的套管，填堵管洞口，预留口处应加临时管堵。

（10）为避免干管坡度不均匀，注意严格按照坡度线安装牢固，尽量避免干管安装后开口，接口以后不调直。

（11）安装好的干管不得作吊拉负荷及作支撑。

（12）立管安装。为保证立管垂直度，仔细核对各层预留孔洞位置是否垂直，吊线、剔眼、栽卡子。将预制好的管道按编号顺序运到安装地点。安装前先卸下阀门盖，有钢套管的先穿到管上，注意套管高出地面2cm（厨卫间5cm），按编号从第一节开始安装。涂铅油缠麻将立管对准接口转动入扣，一把管钳咬住管件，一把管钳拧管，拧到松紧适度，对准调直时的标记要求，丝扣外露2~3扣，预留口正确为止，并清净麻头。检查立管的每个预留口标高、方向、半圆弯等是否准确。将事先栽好的管卡子松开，把管放入卡内拧紧螺栓，用吊杆、线坠从第一节管开始找好垂直度，扶正钢套管，最后填堵孔洞，预留口必须安装临时丝堵。

（13）支管安装。

1）检查散热器安装位置及立管预留口是否准确、坡度是否合适。量出支管尺寸和灯叉弯的大小（散热器中心距墙与立管预留口中心距墙之差）。

2）配支管，按量出支管的尺寸，减去灯叉弯的量，然后断管、套丝、煨灯叉弯和调直。将灯叉弯两头抹铅油编麻，装好油任，连接散热器，把麻头清净。

3）暗装或半暗装的散热器灯叉弯必须与炉片槽墙角相适应，达到美观。

4）用钢尺、水平尺、线坠校对支管的坡度和平行距墙尺寸，并复查立管及散热器有无移动。

5）立支管变径，不得使用铸铁补芯，应使用变径管箍或焊接法。

6）安装好的支管不得蹬踩、作支撑。

（14）套管安装。

1）暖气管道穿墙、穿楼板应设置钢套管或铁皮套管，下料后套管内刷防锈漆一遍，用于穿楼板套管应在适当部位焊接架铁。

2）穿楼板套管根据楼板厚度宜分成两截，两内头套扣，用管箍连接，保证上部出楼板高度以及底部和楼板相平。

（15）试压。试压分单项试压和系统试压。单项试压：干管敷设后或隐蔽部位的管道安装完毕按设计和规范要求进行水压试验。系统试压：采暖系统安装完毕，管道保温之前应按设计和规范要求进行系统水压试验。采暖系统试压程序：

1）首先检查整个系统中的所有控制阀门是否打开，系统与外管网应隔开，打开集气罐的放气阀或散热器上的手动放风门。

2）将给水干管、试压泵等临时用的试压管道接在供水总干管上，并向系统内灌水，待系统灌满水并将管道系统内的空气排净后（放风门或放气阀流出水为止），关闭放气阀。

3）操作试压泵进行升压，升压过程中应注意检查管道、管件及配件是否有渗漏处，如渗漏严重应停止打压，并且降压后进行修理、换垫、拧紧等工作。

4）系统无渗漏后，打压并升压到试验压力，停泵检查，并观察压力表，要求10分钟内压降不超过0.02MPa，即为合格。试验压力应符合设计要求，当设计未注明时，应符合下列规定：蒸汽、热水采暖系统，应以系统顶点工作压力加0.1MPa做水压试验，同时在系统顶点的试验压力不小于0.3MPa。

高温热水采暖系统，试验压力应以系统顶点工作压力加0.4MPa。

使用塑料管及复合管的热水采暖系统，应以系统顶点工作压力加0.2MPa做水压试验，同时在系统顶点的试验压力不小于0.4MPa。

（16）冲洗。

1）系统投入使用前必须冲洗，冲洗前将管道上安装的流量孔板、滤网、温度计、调节阀及恒温阀等拆除，待冲洗合格后再装上。

2）热水管道供回水管及凝结水管用清水冲洗，冲洗时以系统能达到的最大压力和流量进行，直到出水口水色和透明度与入水口目测一致为合格。

冲洗后泄水。

（17）管道防腐和保温。设计无要求时，应按照下列施工步骤进行：

1）管道明装：一丹二银（一遍防锈漆，二遍面漆）。

2）暗装：二丹（二遍面漆）。

3）潮湿房间明装：二丹二银。

4）采暖管道敷设在地沟、吊顶内、易冻的过厅、楼梯间及非采暖间均应做保温。

5）穿越壁橱、吊柜内采暖管道均应采取保温措施，保温材料由设计确定，不得使用对环境及人体有害的保温材料。

（18）通暖。

1）首先联系好热源，根据供暖面积确定通暖范围，制定通暖人员分工，检查供暖系统中的泄水阀门是否关闭，干、立、支管的阀门是否打开。

2）向系统内充软化水，开始先打开系统最高点的放风阀，安排专人看管。慢慢打开系统回水干管的阀门，待最高点的放风阀见水后即关闭放风阀，再开总进口的供水管阀门高点放风阀。要反复开放几次，使系统中的冷风排净为止。

3）正常运行半小时后，开始检查全系统，遇有不热处应先查明原因，需冲洗检修时，则关闭供回水阀门泄水。然后分先后开关供回水阀门放水冲洗，冲净后再按照上述程序通暖运行，直到正常为止。

4）冬季通暖时，必须采取临时取暖措施，使室温保持+5℃以上才可进行。遇有热度不均，应调整各分路立管、支管上的阀门，使其基本达到平衡后进行正式检查验收，并办理验收手续。

第二章　建筑电气工程

1.电线管连接不符合要求

错误： 电线管连接不符合要求。

原因及解决方案：

电线管的连接应符合以下规定：

1）丝扣连接。管端套丝长度不应小于管接头长度的1/2，在管接头两端视管径大小用≥6~8的圆钢焊跨接接地线，焊接长度应符合接地要求。

2）套管连接。该连接方式宜用于暗配管，套管长度为连接管外径的1.5~3倍，连接管的对口处应在套管的中心，焊口应焊接牢固、严密，以不漏水为准，焊接长度不得小于管口周长的1/3。

3）薄壁电管严禁熔焊连接，必须用丝扣连接。电线管应刷防腐漆（埋入混凝土内的电线管除外），埋入土层内的电线管应刷两度沥青漆或使用镀锌钢管；埋入有腐蚀性土层内的电线管，应按设计规定进行防腐处理；埋入砖墙或其他隔墙内的电线管应刷防锈漆；顶棚内的电线管应刷防锈漆，而且一定要做到先防腐后铺设。

2.电缆布置不规范

　　错误：电缆穿越脚手架。

　　原因及防治措施：施工用电缆穿越脚手架时，必须采用接地措施，防止触电事故（建立现场预检制度）。

3.电焊机未接PE线

错误： 电焊机未接PE线。

原因及防治措施：

（1）工作前认真检查工具、设备是否完好，焊机是否可靠接地，焊机的修理应由电器保养人员进行，其他人员不得拆修。

（2）工作前应认真地检查工作环境，确认正常安全后方可开始工作，工作前穿戴好劳动防护用品。

（3）高空焊接时需佩戴安全带，安全带系挂时，一定要远离焊接部位和地线部位，以免焊接时把安全带烫断。

（4）接地线要牢靠安全，不准用脚手架、钢丝缆绳、机床等作接地线。一般原则是焊接点的就近点，带电设备放置地线一定要小心，不可把设备导线和地线连接，以免烧毁设备或发生火灾。

（5）接拆电焊机电源线或电焊机发生故障时，应会同电工一起进行修理，严防触电事故。

（6）在靠近易燃地焊接，要有严格的防火措施，必要时须经安全员同意后方可工作，焊接完成后应认真检查作业现场，确认无火源后才能离开现场。

（7）焊接密封容器时管子应先开好放气孔，修补已装过油的容器，应清洗干净，打开入口盖或放气孔方可进行焊接。

（8）在已使用过的罐体上进行焊接作业时，必须查明是否有易燃、易爆气体或物质，严禁在未查明情况之前动火焊接。

（9）焊钳、电焊线应经常检查、保养，发现有损害应及时修补或更换。焊接过程发现有短路现象应先关闭焊机，再寻找短路原因，防止烧坏焊机。

（10）焊接吊码，加强脚手架和重要结构应有足够的强度，并敲去焊渣认真检查是否安全可靠。

（11）在容器内焊接时，应注意通风，把有害气体和物质排出去以防中毒，排完后方可进入内部进行焊接；在狭小容器内焊接应有两人操作，以防触电事故发生。

（12）容器内油漆未干时，有可燃物质散发时不准实施。

（13）雨天或是在潮湿的地方焊接时，一定要注意良好的绝缘，手脚沾水或衣服和鞋潮湿时不得进行焊接，必要时可在脚下放置干燥的木头。

（14）工作完毕，必须先断开电源，关闭焊机，认真检查工作现场，灭绝火种后方可离开现场。

4.动力二级配电箱安装不符合要求

错误：动力二级配电箱安装不符合要求。

原因及防治措施：

（1）施工现场的配电系统应设置总配电箱（配电柜）、分配电箱、开关箱，实行三级配电、二级漏电保护。

（2）总配电箱（配电柜）以下可设置若干分配电箱，分配电箱以下可设若干开关箱。

（3）配电箱、开关箱应采用冷轧钢板制作，钢板厚度为1.2~2.0mm。其中开关箱箱体钢板厚度不得小于1.2mm，配电箱箱体钢板厚度不得小于1.5mm，箱门均应设加强筋，箱体表面应做防腐处理。固定式配电箱、开关箱的中心点与地面的垂直距离应为1.4~1.6m，移动式配电箱、开关箱应装设在坚固、稳定的支架上，其中心点与地面的垂直距离宜为0.8~1.6m。

（4）配电箱、开关箱内的电器（含插座）应先紧固在金属电器安装板上，不得歪斜和松动，然后方可整体紧固在配电箱、开关箱箱体内。总配电箱（配电柜）也可采用电气梁安装方式。金属电器安装板与金属箱体应作电气连接。

（5）配电箱、开关箱内的连接，必须采用铜芯绝缘导线。导线的颜色应为：相线L1（A）、L2（B）、L3（C），相序的颜色依次为黄、绿、红色，N线的颜色为淡蓝色，PE线的颜色为绿黄双色。导线排列应整齐，导线分支接头不得采用螺栓压接，应采用焊接并做绝缘包扎，不得有外露带电部分。

（6）配电箱、开关箱内必须设N线端子（排）和PE线端子（排），N线端子（排）必须与金属电器安装板绝缘，PE线端子（排）必须与金属电器安装板作电气连接。总配电箱（柜）N线端子排和PE线端子排的接线点数应为$n+1$（n—配电箱的回路数），分配电箱N线端子排和PE端子排接线点数至少两个以上，开关箱应设N线端子和PE线端子。

（7）配电箱、开关箱的金属体、金属电器安装板以及电器正常不带电的金属底座、外壳等必须通过PE线端子板与PE线作电气连接，金属箱门与金属箱体均必须采用软铜线作电气连接。

（8）配电箱、开关箱内电器安装板上电器元件的间距，垂直方向应不小于80mm，水平方向不小于20mm。

（9）配电箱、开关箱的导线进出口应设在箱体的底面，进出线孔必须用橡胶护线环加以绝缘保护，进出线不得与箱体直接接触，箱体支架的横梁上应预留进出线固定孔。

（10）配电箱、开关箱外形结构应能防雨、防尘。防护等级开门时不得低于IP21，关门时不得低于IP44。

（11）动力二级配电箱：一拖三；3P+N漏电保护器漏保参数30MA/0.1S错误；出线回路应换为透明断路器；地排上地线数量不足，仅三根，在只接一路出线的情况下，地排上就应该是1+4（进线、箱门、盘芯、重复接地）=5根地线！

1）进线电缆必须带N线，并接到3P+N漏电保护器上口N接线端子上，否则该漏保无法动作。

2）根据本图N排上压了两根线判断，本二级箱进线N接入了，且接的那一路出线也有N线，则出线必须是五芯电缆，PE线必须通过操作箱及其出线电缆压至用电设备金属壳体上，否则不安全，且上级临电总柜内的漏保将不会动作！

3）如用电设备不需要N线，则也可以用四芯电缆，三火一PE，PE线的接法同2）。

5.违规使用已被住建部禁止使用的HK2型闸刀开关

错误：违规使用已被住建部禁止使用的HK2型闸刀开关。

原因及防治措施：根据原建设部659号（2007年6月14日）公告规定，禁止使用：石板闸刀开关，HK1、HK2、HK2P、HK8型闸刀开关，瓷插式熔断器。

6.焊管违规对口焊接

　　错误：焊管违规对口焊接。

　　原因及防治措施：管子对接焊缝位置应符合下列要求：

　　（1）焊缝位置距离弯管的弯曲起点不得小于管子外径或不小于100mm。

　　（2）管子两个对接焊缝间的距离不宜小于管子外径，且不小于150mm。

（3）支吊架管部位置不得与管子对接焊缝重合，焊缝距离支吊架边缘不得小于50mm；对于焊后需作热处理的接口，该距离不得小于焊缝宽度的5倍，且不小于100mm。

（4）管子接口应避开疏、放水及仪表管等的开孔位置，距开孔边缘不应小于50mm，且不应小于孔径。

（5）管道在穿过隔墙、楼板时，位于隔墙、楼板内的管段不得有接口。

管道上的两个成型件相互焊接时，应按设计加接短管。

除设计中有冷拉或热紧的要求外，管道连接时，不得用强力对口、加热管子、加偏垫或多层垫等方法来消除接口端面的空隙、偏斜、错口或不同心等缺陷。管子与设备的连接，应在设备安装定位旋紧地脚螺栓后自然地进行。

管子的坡口型式和尺寸应按设计图纸确定。当设计无规定时，应按《电力建设施工及验收技术规范（火力发电厂焊接篇）》（DL5007）的规定加工。

管子或管件的对口质量要求，应符合《电力建设施工及验收技术规范（火力发电厂焊接篇）》（DL5007）的规定。

管子和管件的坡口及内、外壁10~15mm范围内的油漆、垢、锈等，在对口前应清除干净，直至显示金属光泽。对壁厚大于或等于20mm的坡口，应检查是否有裂纹、夹层等缺陷。

管子对口时一般应平直，焊接角变形在距离接口中心200mm处测量，除特殊要求外，其折口的允许偏差a应为：

当管子公称通径DN＜100时，$a \not> 2mm$

当管子公称通径DN≥100时，$a \not> 3mm$

管子对口符合要求后，应垫置牢固，避免焊接或热处理过程中管子移动。

7.电管内部无防腐处理、端部不套丝

错误： 电管内部无防腐处理、端部不套丝。

原因及防治措施： 电管壁较薄，端头未做套丝处理，后期只能采用对接焊，不符合规范要求。未按规范要求对电管进行有效的防腐处理。

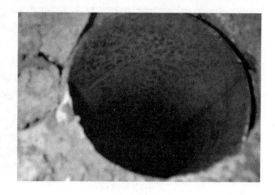

（1）薄壁电管应按照表2-1要求控制套丝长度，电管连接后，两侧的螺纹应外露2~3个丝牙。

表2-1　薄壁电管套丝长度

管径/mm	套丝长度/mm
15	13~15
20	13~15
25	16~18
32	23~25

（2）丝接处两端采用φ6圆钢作接地跨接，双面焊，焊接长度不小于36mm；外露丝牙及接地跨接的焊接部位，必须先刷防锈漆。

（3）金属管必须在安装敷设前进行防腐处理。当埋于混凝土内时，管外壁可不作防腐处理；直接埋于土层的钢管外壁应涂两度沥青；采用镀锌管时，锌层剥落处应涂防腐漆。

8.工地生活区供电设施不符合要求

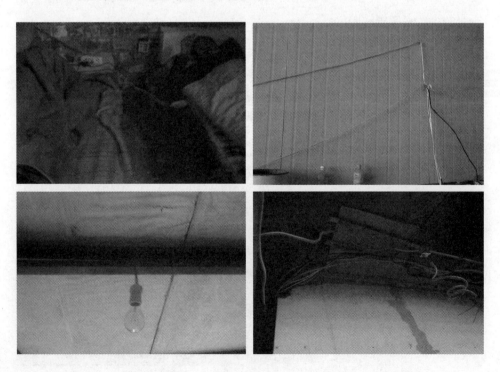

错误：工地宿舍供电不符合要求。

原因及防治措施：

（1）严禁在宿舍内开小灶；严禁使用燃气炉、电饭煲、电吹风、电炒锅、电热棒等用电器具及煤油炉等。

（2）宿舍内严禁乱拉、乱接电线；所有电线必须由工地电工根据项目部统一安排进行安装；严禁在电线上挂晾衣物、毛巾等。

（3）注意防火安全，严禁在室内吸烟（吸烟者可到指定的吸烟区吸烟），烟头、火种要丢放在预设的水容器内；每个宿舍要备有一支手电筒，严禁停电时使用蜡烛照明。

9.接地扁钢搭接不规范

错误： 接地扁钢搭接未对正、未三面施焊、未在焊接处做防腐。

原因及防治措施：

（1）扁钢接地线敷设前应进行调直，大范围的接地线安装宜在预制时焊接成适当的长度。连接采用搭接焊，搭接长度：扁钢不小于扁钢宽度的两倍，且至少焊接3个棱边；圆钢为其直径的6倍。

（2）接地线与接地极焊接时可采用下列两种方法。

1）将扁钢接地线弯成三角形（或弧形）与角钢接地极（或钢管接地极）焊接，见下图。

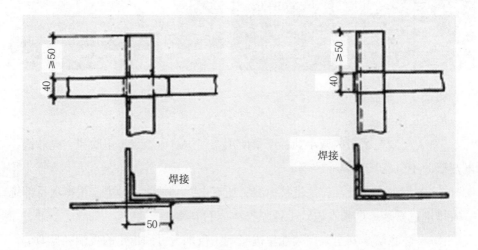

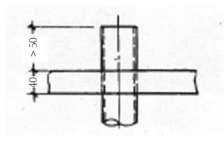
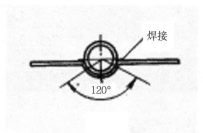

2）先用适当长度的扁钢制成三角形或弧形的卡子，贴焊在接地极上再与扁钢焊在一起，以增加接触面，见下图。

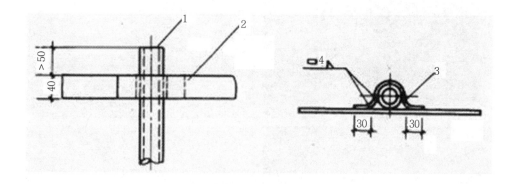

（3）接地线焊接应焊缝平整饱满并有足够的机械强度，不得有夹渣、咬肉、裂纹、虚焊、气孔等缺陷。焊好后去除药皮，刷沥清漆进行防腐处理。

（4）接地引出线地面以下的垂直部分应刷沥清漆防腐。

10.总等电位安装不规范

错误：总等电位安装不规范。

原因及防治措施：

（1）建筑物等电位联结干线应从与接地装置有不少于两处直接连接的接地干线或总等电位箱引出，等电位联结干线或局部等电位箱间的连接线形成环形网路，环形网路应就近与等电位联结干线或局部等电位箱连

接。支线间不应串联连接。

（2）等电位联结的线路最小允许截面，应符合规范规定。

（3）等电位联结的可接近裸露导体或其他金属部件、构件与支线连接应可靠、熔焊、钎焊或机械紧固应导通正常。

（4）需等电位联结的高级装修金属部件或零件，应有专用接线螺栓与等电位联结支线连接，且有标志，连接处螺帽紧固、防松零件齐全。

11.总配电箱安装不规范

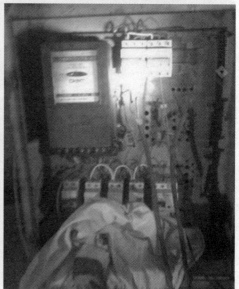

错误：总配电箱安装不规范。

原因及防治措施：

（1）配电箱外部：色彩要求为黄色、通用规格。左边门居中标志尺寸为8cm×8cm，蓝表黑字；右边门为有点警示标志。配电箱编号可写于右门警示标志下方（如下图）。

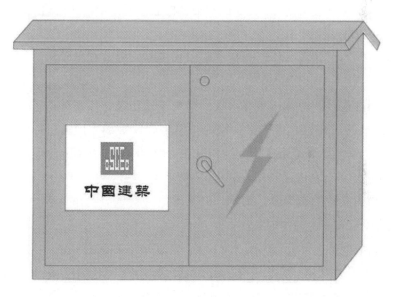

配电箱外观示意图

（2）配电箱设置要求。

1）工地设置室外总配电箱和分配电箱，按照三级配电两级漏保配电。

2）动力配电箱和照明配电箱应分开设置，如合置在同一配电箱内，动力和照明线路应分路设置，开关箱应由末级分配电箱配电。

3）总配电箱应设置在靠近电源的地区，分配电箱应设在用电设备和负荷相对集中的地区。分配电箱和开关箱的距离不得超过30m。开关箱与其控制的用电设备的水平距离不宜超过3m。

4）配电箱和开关箱应装设在干燥、通风及常温场所，周围应有足够两人同时操作的空间和通道，不得堆放任何妨碍操作和维修的物品，不得有灌木和杂草。

5）配电箱和开关箱应采用铁板或优质绝缘材料制作，铁板的厚度应大于1.5mm，配电箱、开关箱应装设端正、牢固，移动式配电箱、开关箱应装设在坚固的支架上。固定式配电箱、开关箱的下底与地面的垂直距离应大于1.3m、小于1.5m，移动式分配电箱、开关箱的下底与地面的垂直距离宜大于0.6m、小于1.5m。

6）配电箱、开关箱必须防雨、防尘。

（3）配电箱内部设置要求。

1）箱内开关电气应按规定紧固在安装板上，不得歪斜和松动，箱内应保持干净，不得堆放杂物。

2）箱内的工作零线应通过接线端子板连接，并应与保护零线接线端子板分设。

3）箱内连接线应采用绝缘导线，接头不得松动，不得外漏带电部分，箱体、箱内电器安装板、外壳必须做保护接零。保护接零应通过界线端子板连接。要求：箱内导线绝缘良好、排列整齐、固定牢固，导线端头应采用螺栓连接或压接。

4）箱内安装的接触器、刀闸、开关等电气设备应动作灵活，接触良好可靠，触头没有严重的烧蚀现象。

5）总配电箱应装设总隔离开关、总熔断器和分路隔离开关、总熔断器和分路熔断器（或总自动开关和分路隔离开关）漏电保护器。若漏电保护器同时具备过负荷和短路保护功能，则可不设分路熔断器或分路自动开关。总开关电器的额定值、动作整定值应与分路开关电器的整定值、动作整定值相适应。

6）总配电箱应装设电压表、电流表、总电度表及其他仪表。

7）分配电箱应装设总隔离开关和分路隔离开关以及总熔断器和分路熔断器（或总自动开关和分路隔离开关）。总开关电器的额定值、动作整定值应与分路开关电器的额定值、动作整定值相适应。

8）每台用电设备应有各自专用的开关箱，必须实行"一机一闸"。开关箱内的开关电器必须能在任何情况下都可以使用电设备实行电源隔离。

9）施工现场中的所有用电设备必须在设备负荷线的首端处设置漏电保护器，开关箱内的漏电保护器额定动作电流应不大于30mA，额定漏电动作时间应小于0.1s。

10）配电箱、开关箱中导线的进线口和出线口应设置在箱体的下面，进出线应加护套分路成束并做防水弯，导线束不得与箱体的进、出线口直接接触，移动式配电箱和开关箱的进出线必须采用橡皮绝缘电缆。进入开关箱的电源线，严禁用插销连接。

12.使用螺纹钢做重复接地装置的接地极不符合规范要求

错误： 使用螺纹钢做重复接地装置的接地极，不符合规范要求。

原因及防治措施：

（1）每一接地装置的接地线应采用两根及以上导体，在不同点与接地体作电气连接。不得采用铝导体做接地体或地下接地线。垂直接地体宜采用角钢、钢管或光面圆钢，不得采用螺纹钢。接地可利用自然接地体，但应保证其电气连接和热稳定。

（2）本条依据现行国家标准《建筑物电气装置》（GB 16895.3）第5部分：电气设备的选择和安装 第54章：接地配置和保护导体（即国际电工委员会标准IEC 364—5—54：1980）要求，按照现行行业标准《民用建筑电气设计规范》（JGJ/T 16）而作的规定。其中，用作人工接地体材料的最小规格尺寸为：角钢板厚不小于4mm，钢管壁厚不小于3.5mm，圆钢直径不小于4mm；不得采用螺纹钢的规定主要是因其难以与土壤紧密接触、接地电阻不稳定之故。

13.电管敷设违规

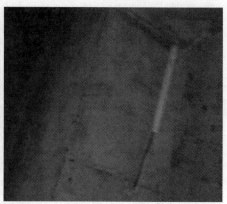

错误： 电管敷设违规。

原因及防治措施：

（1）钢管管卡及硬塑料管管卡间最大距离应严格按表2-2和表2-3的规定设置（敷设方式为吊架、支架或沿墙敷设）。

表2-2　钢管管卡间最大距离

钢管直径（mm）	管卡间最大距离（m）	
	厚壁钢管	薄壁钢管
15~20	1.5	1.0
25~32	2.0	1.5
40~50	2.5	2.0
>65	3.5	

表2-3 硬塑料管管卡间最大距离

管内径（mm）	管卡间最大距离（m）
≤20	1.0
25~40	1.5
>50	2.0

（2）禁止软管有接头，且不应退绞、松散；穿强电导线的金属软管均应采用包箍形式进行可靠的接地跨接，不得用软管作接地体，必须另敷设接地导线；外露、顺墙敷设的金属软管应用管卡进行固定，固定间距不大于1m，管卡与终端、弯头中点的距离宜为300mm，且不允许固定在设备上；软管长度不宜超过2m，不允许用金属软管取代电管敷设。

（3）黏接部位应处理干净，套管内侧及连接管外侧均要将胶合剂涂刷均匀，套管长度宜为管外径的1.5~3倍，管与管的对口处应位于套管的中心，电管插入待胶黏剂固化后才能移动连接后的电管，按规范规定的间距设置支吊架固定电管。

（4）电管进箱（盒）应顺直，不应倾斜进箱（盒）。

（5）暗配的厚壁钢管与箱（盒）连接采用焊接，管口宜高出箱（盒）内壁3~5mm，且焊后应补涂防腐漆。

（6）明配钢管、薄型钢管或暗配镀锌钢管与箱（盒）连接应采用锁紧螺母或护圈帽固定，用锁紧螺母固定的管端螺纹宜外露锁紧螺母2~3扣。另外，采用此类连接方法还应用φ6圆钢做电管与箱（盒）间的接地跨接，跨接采用焊接，两侧的焊接长度应不小于36mm，且进行两面焊接。如镀锌电管接地应采用专用线卡。

（7）电管穿过墙或楼板、地板必须外套金属套管，过墙套管长度与墙等厚，过地板、楼板时，下口平，上口高出板面5mm。

（8）电管敷设中弯头超过3个（直弯为2个）时，必须设置过路箱。电管弯曲施工，弯曲半径不应小于管外径的6倍（埋地或埋混凝土的电管则不小于10倍），电管弯扁程度不大于电管外径的10%。

（9）电管敷设前检查管内有无杂物。

（10）电管敷设完毕后应及时将管口进行有效的封堵。不应使用水泥袋、破布、塑料膜等物封堵管口，应采用束节、木塞封口，必要时采用跨接焊封口。箱、盒内管口采用镀锌铁皮封箱。

（11）多弯及长管预穿铁丝以便穿线。

（12）管口及其各连接处均应密封。

（13）室外管端口须做滴水弯，过路箱应有防水措施。

（14）电管应让热力管，确保有不小于100mm的间距，交叉间距不够可采用隔热保护。

（15）金属电管应作防腐处理。当埋于混凝土内时，管外壁可不作防腐处理；直接埋于土层的钢管外壁应涂两度沥青；采用镀锌管时，锌层剥落处应涂防腐漆。

（16）金属管必须在安装敷设前进行防腐处理，以防止敷设后再防腐处理而局部不到位。

14.电缆放置不规范

错误：电缆随地拖放，未穿管入地，无任何安全防护。

原因及防治措施：

（1）电缆通道应经常整理清扫，保持畅通。

（2）三相四线制系统必须使用四芯电缆，不得使用三芯电缆加一根单芯电缆或以导线、电缆金属护套作中性线。

（3）电缆各支持点间的距离按表2-4设置。

表2-4　电缆各支持点间的距离

电缆种类		支持点间的距离（mm）	
		水平敷设	垂直敷设
电力电缆	全塑型	400	1000
	除全塑型外的中低压电缆	800	1500
	35kV及以上高压电缆	1500	2000
控制电缆		800	1000

注：全塑型电力电缆水平敷设沿桥架固定时，支持点间的距离允许为800mm。

（4）电缆最小弯曲半径按规范进行施工。

（5）桥（梯）架上的电缆应排列整齐，不宜交叉，不应挤压，在下述地方应将电缆加以固定。

1）垂直或超过45°倾斜敷设的电缆在每个支架上；桥架上每隔2m处。

2）水平敷设电缆，在电缆首末两端及转角、电缆接头的两端处；当对电缆间距有要求时，每隔5~10m处。

（6）敷设电缆应及时装设标志牌，标志牌的装设应符合下述要求。

1）在电缆终端头、电缆接头、拐弯处、夹层内、隧道及竖井的两端、人井内等地方，电缆上应设置标志牌。

2）标志牌上应注明线路编号，无编号时应写明电缆型号、规格及起讫地点；标志牌的字迹应清晰，不易脱落。

3）标志牌宜统一，应防腐，挂装应牢固。

4）电缆金属护层不得作接地线，但电缆金属护层必须可靠接地。

15.漏电开关连接不合格

错误：一只漏电开关下口接三根出线电缆，且不接PE线。

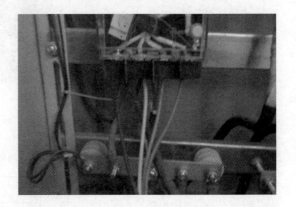

原因及防治措施：

（1）接线前的检查内容。

1）检查被保护设备相数、线数。

2）TN系统和TT系统在下列场所应安装漏电保安器。

①Ⅰ、Ⅲ类手持电动工具。

②建筑工地施工机具电器。

③电气实验室实验台。

④潮湿地方使用电器。

⑤宾馆使用的移动式电器。

⑥生活理发用电器。

⑦其他需要的地方。

3）查清工作电压，核对额定电压、工作电流、漏电动作电流及分断时间。

4）漏电开关安装的地点确定：配电箱、板等要防雨、防潮、防尘，环境温度不大于40℃，避开强磁场，距离铁芯线圈电器不小于30cm。

5）工作零线和相线勿混淆，上接电源，零线应穿过零序电流互感器。

6）单相漏电保安器可以用四线，不能用三线，也不能用三相三线漏电开关代替四线漏电开关。

（2）漏电开关接线中的有关规定和注意事项。

电流动作型漏电开关必须用在电源中性点直接接地或经过消弧线圈（阻抗线圈）接地的系统。电流型漏电开关的后面工作零线不得出现重复接地，包含间接接地。

必须保证工作零线N对地绝缘良好，即务必把工作零线N和专用保护线PE严格分开，而且PE线或PEN线绝对不可接入漏电开关。零线N在漏电开关的前面可以接地，因此在TN-S供电系统中的单相供电要用三条线，而三相供电要用五条线。经过漏电保护器的工作零线不得再作保护线。安装漏电开关以后，负载仍保持原有的接地保护线路系统不变。

供给负载的全部工作电流应全部进入漏电开关，无论是流入或流出，这样才不会产生误动作，唯独PE线不准进入漏电开关。对接零保护系统的规定：在电源进线的地应作重复接地；而在负载侧不得再作重复接地，仍保持接零系统不变。

漏电开关的输入、输出端的接线，应保证其自身检验装置能正常工作。零序电流互感器与继电器之间的导线：当距离小于10m时，用绞合线或屏蔽线；大于10m时用屏蔽线。安装漏电保安器与没安装的电器设备不可共用一根接地极，因为没有装漏电保安器的设备一旦漏电外壳带电，会使有漏电保安器设备的外壳带电。

（3）漏电开关存在的问题。

1）分级保护的问题尚未解决，现在是按mA分级，运行中并不可靠，选择性不理想。如越级跳闸，造成无故障设备也停电，大容量的延时效果不理想。

2）电子型漏电保护器容易产生误动作，有时日光灯启动也会引起漏电开关动作，可能要向电磁型过渡。生产电磁型要求工艺较高，如DZ15L有时拒动。电子式的温度系数难控制、焊点多，每个焊点都保证99%的可靠性，则整机可靠性不过80%。

3）电流型漏电保护器的工作原理不够完善，例如当三相电流不平衡时，三相同时漏电，零序电流互感器不一定动作。如果两相漏电，$I_入 = I_出$仍成立，怎么办？尚无良策，当然这种现象的概率很小。

4）在机加工车床等设备不能用，因为控制电路380V电源，降两次压，车床灯220V，油泵再降到110V，控制电焊机380V，还必须引入工作零线N，车床的N线只作保护用，接地采用地脚螺丝。

16.现场动力及照明线路违规布置

错误： 现场动力及照明线路违规，直接与金属架体或设备接触。

原因及防治措施：

（1）现场施工用高低压设备及线路，应按照施工设计及有关电气安全技术

规程安装和架设。

（2）临时照明用电线路，必须架设在木杆或建筑物上，对地面安全高度裸线不少于6m，绝缘橡皮线不少于3m，经常有车辆穿过的地方不低于5m。

（3）安装长期露天照明灯应用防水灯口。

（4）严禁任何人采用一线一地制照明安装，严禁任何人采用铜线、铝线或其他导体作为过流保护用。

（5）登杆作业要做到检查电杆根基稳定程度，有无损坏脚扣、安全带，腰绳有无损伤，工具绝缘要良好，不要穿短裤、短袖褂，如遇大风雨、夜间无照明时应停止作业。登杆不得带超长导体，以免碰电线形成短路。

（6）低压配电要做好安全防护措施，检查设备要将电源断开，取下熔断器，并且挂上"禁止合闸，有人作业"的警示牌。

（7）电器设备保险丝容量合适，严禁任意加大容量，更不得用其他物品代替。

（8）带电工作应分清火线和零线，断电时先切火线后切零线，搭接顺序相反。

（9）带电作业时，严禁回路中设备带负荷操作。

（10）手把工作灯应根据情况，采用12V、36V及110V以下，并有可靠接地线。一次电缆不可超过3m长，要有防护措施，220V照明灯具禁止带电移动。

（11）严禁将行灯变压器置于金属容器内，在易燃、易用爆气体容器内作业时，应使用防爆灯。

（12）行灯变压器插头及插座在外形及设置上应与220V普通电源插座有明

显区别，避免插错，造成危害。

（13）对长期移动式电动工具，在使用前要摇测其绝缘电阻，检测其开控制设备是否灵敏可靠，不合格者不得投入运行。

（14）设备安装完毕应进行试通电、试运行，并用电笔测试外壳是否漏电，确认安全后方可交付使用。

（15）每台移动式电动设备，应有单独的开关控制、保险丝、热元件，并应与电机容量相匹配。

（16）移动式电动工具接线必须采用良好的多股铜芯胶皮绝缘线，电动工具金属外壳应有可靠的接地线。

（17）电工用专用仪表严禁他人借用，并须经常进行检查、检验，不合格者严禁使用。

（18）机电设备运行中要经常检查是否超载、潮湿、过热，电机启动或其他设备遇有冒烟、起火或剧烈震动或转速突然下降时，应立即断电，停车查明原因。

17.电锯使用不规范

错误：电锯使用不规范，缺少操作箱、防护棚、安全防护罩。

原因及防治措施：

电锯应搭设防护棚，设置专用开关电箱安全装置齐全，挂设安全操作规章牌。

（1）操作前检查电锯各种性能是否良好，安全装置是否齐全并符合操作安全要求。

（2）检查锯片不得有裂口，电锯各种螺丝应上紧。

（3）操作时要戴防护眼镜，站在锯片一侧，禁止站在与锯片同一直线上，手臂不得跨越锯片。

（4）进料必须紧贴靠山，不得用力过猛，遇硬节要慢推。接料要离锯片15cm，不得用手硬拉。

（5）短窄料应用推棍加工，接料使用刨钩，超过锯片半径的木料，禁止上锯。

（6）电锯检修应断电作业维护。

（7）工作完毕，电锯应断电锁箱，整理清理电锯周围木料及木屑，注意防火安全。

18.氧气瓶、乙炔瓶危险放置

错误：氧气瓶、乙炔瓶混放，且暴晒在阳光下。

原因及防治措施：

（1）运输、储存和使用气瓶时避免剧烈振动和碰撞冲击，防止气瓶直接受热。

（2）严禁氧气瓶与乙炔瓶等易燃气瓶混装运输。

（3）氧气瓶与乙炔瓶距离明火不少于10m，气瓶间距离保持5m以上。

（4）开启瓶阀时，用力要平稳，操作者应位于出气口侧以防受气体冲击，使用减压器时应检查气瓶丝口是否完好、紧固，防止高压冲掉。

（5）严禁将瓶内气体用尽，须留有余压以防空气倒灌和用于检查。

（6）必须按规定连接气带与气瓶，严禁乱接胶管，以防事故，且氧气、乙炔胶管长度以20~30m为宜。

（7）焊割时发现回火或有倒吸声音，应立即关闭割炬上的乙炔阀门，再关闭氧气阀门，稍停后开启氧气阀门把割炬内灰尘吹掉，恢复正常使用。

（8）在输气胶管或减压器发生爆炸、燃烧时，应立即关闭瓶阀。

（9）若发现瓶阀易熔塞或瓶体等部位有漏气时应立即停止作业，把气瓶转移到安全地点妥善处理，且附近不得有火源。

（10）当气瓶瓶阀易熔塞或其他部位因漏气而着火时，应用干粉、二氧化碳灭火器灭火，同时用水冷却瓶壁以防发生更大危险。

（11）若发现瓶壁温度异常升高时，应立即停止使用，并用大量冷水喷淋以防燃烧和爆炸事故。

（12）氧气瓶、乙炔瓶严禁混吊，运输过程中必须先撤去减压器，气瓶上必须有防振胶圈，气带不得漏气。

（13）使用氧气、乙炔设备时应根据钢材厚度选择适当的割炬，在切割材料时应把材料垫高10mm左右，防止氧化铁割烂下面材料。

（14）使用结束时，须将气瓶阀门关闭，收好气带，并将气瓶放回规定位置，收拾作业场所，保持环境卫生。

（15）氧气、乙炔焊割作业人员必须取得焊割作业特种作业证，持证上岗。

19.临电现场用断路器取代操作箱

错误： 临电现场违规用单只 DZ47断路器取代操作箱。

原因及防治措施：

（1）分包队入场必须签订"临时用电安全管理协议"。

（2）分包队入场必须全员接受安全用电教育，并记录。

（3）分包队入场必须将自备电气设备向项目报验，经项目部安全员、电气技术员验收合格后登记造册，并将设备贴上项目部专用合格证后方可入场使用。在施工过程中所增加的电气设备也必须严格执行进场报验制度。各种设备具体要求如下：

1）移动式（手提）配电箱技术要求。

①配电箱五金配件应完好，箱门齐全。

②配电箱内配线符合规定，无裸露线头，接地良好。

③配电箱内开关配置合理，漏电开关漏电动作电流不大于30mA，并保证一机一漏。

④配电箱电缆应配专用插头，与项目部二级箱插座配套使用，电缆芯数正确。

2）手持电动工具（电钻、电锤、振捣棒等）技术要求。

①手持电动工具必须配专用插头与移动式配电箱配套使用。

②手持电动工具电缆芯数正确，接地良好。

3）电焊机的技术要求。

①电焊机必须配专用插头与移动式配电箱配套使用。

②电焊机必须配置专用二次测漏电保安器。

③电焊机电源电缆不大于5m，焊把线电缆不大于30m，并应双线到位。

④电焊机一、二次测防护罩应齐全，接地良好。

⑤操作者必须持证上岗、戴绝缘手套、穿绝缘鞋、开动火证。

⑥电焊操作场地应无积水，一、二次测电缆严禁在水中浸泡。

4）碘钨灯的技术要求。

①碘钨灯必须使用带防护罩、防雨型的。

②碘钨灯必须安装在灯架上。

③碘钨灯使用时必须保证灯管水平，灯架必须固定。

（4）若分包队自带电工，电工必须持证上岗，项目部对上岗证原件验收合格后存复印件归档。

（5）项目部负责对施工现场及生活区总体用电布置，布置过程中所在区域分包队应配合施工，如挖电缆沟、搭设配电箱防护、砌筑配电箱基础等。

（6）分包队应对所属区域内电气设施（配电箱、电缆、照明器具）等负责，若发生丢失或故意损坏，恢复所发生的费用由分包队分摊。

（7）严禁分包队对施工区、生活区内电气线路及设施进行改动，发生隐患应及时通知项目部。

（8）分包队必须保证配电箱操作方便，严禁在配电箱前2m内堆放杂物。

20.塔机电缆放置错误

错误：塔机电缆盘成圆圈，易形成涡流发热而烧毁电缆。

原因及防治措施：

（1）塔式起重机的供电系统为380V、50HZ、三相四制线，中性线直接接地系统。

三相四制就是三相为火线，代号为A相、B相、C相，他们每两相之间的电压为380V，称三相电源，用于三相用电设备，如电动机等，常称工业（动力）用电。另外一线为中性线，代号为N，当中心线直接接地时即为零线，代号为0。零线与每相火线之间的电压都为220V，称单相电源，用于单相用电设备，如照明等，常称民用电。三相四线制的最大优点就是既能提供三相供电也能同时提供单相供电，大大方便了用户使用各种电器设备。

塔式起重机既有三相用电设备，也有单相用电设备，是一种用电量较大、组合各种用电设备的大型机械。

（2）塔式起重机的接地和接零。

1）采用单一的保护接地措施不能保证安全。在三相四线制中性线直接的电网中，如果采用单一的接地，当塔机金属结构漏电时，电流经过塔机接地地阻和中性线接地电阻回到电源，由于两个接地地阻阻值基本相等，其分压也基本相等，这样塔机接地地阻上就有220V一半的电压，由于电流不大，电压可长时间存在。如果人站在潮湿的地上身体部位接触了漏电的塔身，就等于与塔机的接地电阻并联承受相近的电压，这样就有可能有触电危险。

2）采用保护接零措施虽能起保护作用但仍有安全隐患。在三相四线制中性线接地的电网中，塔机采用金属结构接工作零线的保护措施。当塔机金属结构漏电时，漏电电流直接回到零线，形成相零短路。由于线路电阻小，电流很大，很快将漏电线路上保险装置断开，这样就切断了漏电电源，起到保护作用。但是由于工作零线在用电不平衡时有电流流过，而零线上存在一定的电阻，因此零线上就能产生一定的电压，当设备的金属外壳接零时也就产生了一定的电压，同时造成了安全隐患。综上所述，在同一电网中，不允许有的设备接零，有的设备接地。因为当接地设备漏电时零线对地也产生电压，所有接零设备就会带电，造成更大范围的安全隐患。

3）采用三相五线制的用电系统能起到较理想的保护作用。三相五线制就是在三相四线制的基础上，加一根专用保护零线，常称PE线，首端与电源端的工作零线相连，中间与工作零线无任何相连，末端进行重复接地。由于专用保护零线平时无任何电流流过，设备外壳接在保护零线上，不会产生任何电压，因此能起到比较可靠的保护作用。采用保护接零的措施必须保证设备的过载短路保护装置的可靠性，选择熔断器保护时不能盲目加大保险容量，以保证熔断器的熔断作用。

4）实行重复接地可进行双重保护也是防雷保护的需要，在保护接零的基础上重复进行有以下作用。

①减轻保护零线意外断线接触不良时接零设备上电击的危险性。

②减轻工作零线意外断线式接触不良时负载中性点的"漂移"。

③进一步降低故障持续时间内意外带电设备的对地电压。并缩短漏电故障持续时间。

④改善防雷性能，虽然塔机的金属结构及其预埋基础有防雷泄流的作用，由于重复接地对雷电流起分流作用，可降低冲击过电压。

综上所述，在三相五线制的电网中，设备外壳采用保护接零加重复接地的措施是比较理想的保护措施。

5）接地装置的要求。

①工作接地及保护接地的接地电阻不超过4Ω，重复接地及防雷接地电阻不超过10Ω。

②接地导线应用黄绿专用保护线，由于兼起防雷作用，宜用ϕ25mm以上的多股铜芯线。

③接地体不宜少于两个，采用钢管ϕ33~45mm，角铁40~60mm，长2m以上，镀锌防锈，垂直埋设，上端入地0.5m。

④导线与接地体的连接必须牢靠，采用焊接或压接。

（3）塔式起重机的供电及导线。

1）塔式起重机的供用电容量。塔式起重机的装机容量为塔机上所有用电设备容量的总和，而塔式起重机的供电容量为塔机上同时运行的各用电设备的总和，由于塔机上一般同时运行的设备只有起升、回转、行走三大机构，所有将这三大机构用电量相加即为塔机的总用电量。

由于电源变压器至塔机之间一般都有一定的距离，而塔机的电缆线也有一定的长度，因此存在一定的线路压降，且塔机工作时频繁的起制动，尖峰电流经常出现，因而供电应考虑到尖峰时塔机内外部压降之和为5%~10%，所以为塔机供电的变压器的容量应大于塔机用电量的一倍以上，若有其他大用单设备，变压器的容量需另计算。现将常用塔机的供电情况列表如2-4所示。

表2-4　常用塔机的供电情况

设备型号	TC5610（63TM）	C5015（80TM）	F023B（120TM）
起升（kW）	24	33	51.5
回转（kW）	3.7	6	8.8
行走（kW）	3.3	4.4	4.4
总用电量（kW）	31	43.4	64.7
变压器容量（kVA）	>70	>90	>140

2）供电线路的导线选择。目前在工地上多用架空线、铝线居多，由于用电负荷大，线路压降大，对塔机的安全运行造成影响，在此情况下，塔机等大型设备宜采用专线供电。

由于一般导线运行的最高温度不超过60~70℃，否则导线的绝缘就会损坏和老化，因此，合理地选择导线是安全运行的重要因素，下面列举主要导线在35℃环境温度下的安全参功值见表2-5。

表2-5　导线在35℃环境温度下的安全参功值

线径（m²）	16	25	35	50
铝线参功值（A）	65	83	100	126
铜线参功值（A）	80	100	125	140

为了帮助记忆，有个口诀可粗略计算导线的许用电流，口诀是：10下五，100上二，25、35四、三界，70、95两倍半，穿管温度八九折，铜线升级算，裸线加一半。意思是以铝线为例，截面积≤10mm²时，每平方毫米许用电流约为5A；截面积≥100mm²时，每平方毫米许用电流为2A；截面积≤25mm²且>10mm²时，每平方毫米许用电流为4A；截面积≥35mm²且<70mm²时，每平方毫米许用电流为3A；截面积为70mm²和95mm²时，每平方毫米许用电流为2.5A，如穿管敷设应打8折；如环境温度超过35℃则打九折；铜导线的许用电流大约与较大一级的铝导线的许用电流相等，裸导线许用电流可提高50%。

在三相四线电网中，塔机和其他三相用电设备，其总工作电流可以用其总功率的2倍来粗略估算，因此以下几种类型的塔机专用供电导线和电缆的参考值如表2-6。

表2-6 塔机专用供电导线和电缆的参考值

设备型号	60KNM塔机	80KNM塔机	120KNM塔机
工作电流（A）	60~70	80~90	130~140
铅芯导线截面积（mm²）	25	35	70
铜芯导线截面积（mm²）	16	25	35~50
铜芯电缆截面积（mm²）	16	25	50

必须说明的是，如果供电线路较远，电缆线长度超过100m，导线的截面积还需要加一个等级，方能保证安全使用。

（4）塔机的配电箱及保护装置。

1）对塔机的配电箱的基本要求。

①对塔机等大型设备的配电箱应专箱专用，且一机一闸，有明显标志。

②配电箱应安装在离塔机5m以内，高1.5m，便于操作的位置。

③配电箱应防雨防尘，有门有锁，导线都从箱下方进出，箱体应可靠接零接地。

2）塔机配电箱的保护装置。

①配电箱应安装带有漏电保护装置的四线空气断路器，工作零线应进入四线空断回路，并应安装熔断保险器。

②漏电保护电流宜选用漏电动作50~80MA，试验灵敏可靠。

③当用电器发生短路和过截时，空断脱扣装置应立即动作，保险熔断器应迅速熔断。

④合理选择塔机的总熔断器的熔量，一般采用如下公式：

总熔断器的总熔量=1.5~2.5最大一台电机的额定电流+其他各电机额定电流之和。

（5）关于微波和电磁波对塔机的影响。

塔式起重机的安装位置如果刚好在微波通讯的传播通道或在电台发射天线附近，就会受到微波和高频电磁波的干扰，即使在全部关闸停电时塔机的吊钩上也"带电"，吊钩碰上地面金属时会有小火花，人体接触吊钩会有触电和烧灼感，很容易造成心理恐惧及二次伤害，解决此类问题主要从以下方面着手：

1）在吊钩上加装绝缘尼龙吊带，直接挂在吊钩上，吊带长0.5~1m。

2）操作挂钩人员必须穿绝缘鞋，戴绝缘手套作业。

3）加强监督防范，防止其他人员接触吊钩。

21.KBG电管煨弯错误

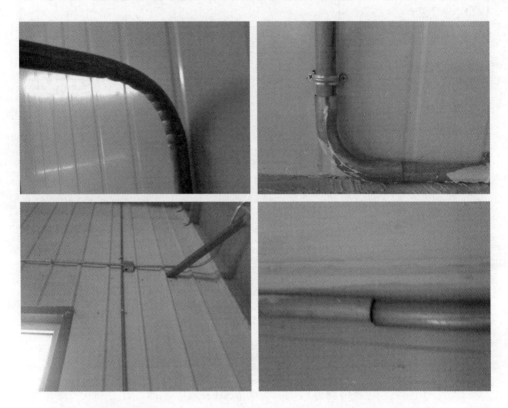

错误： KBG电管煨弯工艺不对，管体已变形。

原因及防治措施：

为减少工序，擅自改变电管材质：直线段是镀锌管，却违规匹配KBG或JDJ弯头；还缺少连接处的紧定，电管未连成一体。

22.漏电保护器设置不当

错误： 用一级箱内参数错误的漏电保护器。

原因及防治措施：

（1）总配电箱中漏电保护器的额定漏电动作电流应大于30mA，额定漏电动作时间应大于0.1s，但其额定漏电动作电流与额定漏电动作时间的乘积不应大于30mA·s。

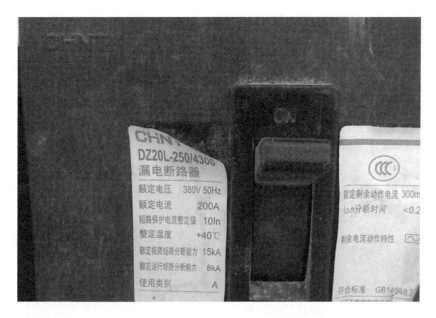

（2）总配电箱和开关箱中漏电保护器的极数和线数必须与其负荷所需要的相数和线数一致。

23.发动机临电总箱布置不当

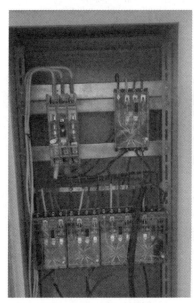

错误：发电机旁不规范的临电总箱。

原因及防治措施：

（1）发电机启动前必须认真检查各部分接线是否正确，各连接部分是否牢靠，电刷是否正常，压力是否符合要求，接地线是否良好。

（2）启动前将励磁变阻器的阻值放在最大位置上，断开输出开关，有离合器的发电机组应脱开离合器。先将柴油机空载启动，运转平稳后再启动发电机。

（3）发电机开始运转后，应随时注意有无机械杂音、异常振动等情况。确认情况正常后，调整发电机至额定转速，电压调到额定值，然后合上输出开关，向外供电。负荷应逐步增大，力求三相平衡。

（4）发电机并联运行必须满足频率相同、电压相同、相位相同、相序相同的条件才能进行。

（5）准备并联运行的发电机必须都已进入正常稳定运转。

（6）接到"准备并联"的信号后，以整部装置为准，调整柴油机转速，在同步瞬间合闸。

（7）并联运行的发电机应合理调整负荷，均衡分配各发电机的有功功率及无功功率。有功功率通过柴油机油门来调节，无功功率通过励磁来调节。

（8）运行中的发电机应密切注意发动机声音，观察各种仪表指示是否在正常范围之内。检查运转部分是否正常，发电机温升是否过高，并做好运行记录。

（9）停车时，先减负荷，将励磁变阻器复位，使电压降到最小值，然后按顺序切断开关，最后停止柴油机运转。

（10）并联运行中的柴油机如因负荷下降而需停车一台，应先将需要停车的一台发电机的负荷，全部转移到继续运转的发电机上，然后按单台发电机停车的方法进行停车；如需全部停车则先将负荷切断，然后按单台发电机停机办理。

（11）移动式发电机，使用前必须将底架停放在平稳的基础上，运转时不准移动。

（12）发电机在运转时，即使未加励磁，亦应认为带有电压。禁止在旋转着的发电机引出线上工作及用手触及转子或进行清扫。运转中的发电机不得使用帆布等物遮盖。

（13）发电机经检修后必须仔细检查转子及定子槽间有无工具、材料及其他杂物，以免运转时损坏发电机。

（14）机房内一切电器设备必须可靠接地。

（15）发电机周围禁止堆放杂物和易燃、易爆物品，除值班人员外，未经许可禁止其他人员靠近。

（16）房内设有必要的消防器材，发生火灾事故时应立即停止送电，关闭发电机，并用二氧化碳或四氯化碳灭火器扑救。

24.PVC管弯管变形严重

错误：PVC管弯管工艺有问题，造成管变形严重。

原因及防治措施：

（1）冷煨法。

1）手板弯管器煨弯。

2）弯管弹簧煨弯：将弯管弹簧插入弯管内，用手握住弹簧在管内的两端，膝盖顶住弯管处，用力逐步煨出所需的弯度，然后抽出弹簧。

（2）热煨法：将弯管弹簧插入管内待弯处，用电炉或吹风机等加热装置均匀加热，烘烤管子煨弯处，待管子被加热到能随时任意弯曲，放在案子上，固定一端，逐步煨出所需的角度。

25.接线盒处理不当

错误：墙体内残缺的接线盒。

原因及防治措施：

（1）电盒定位。电气器具与其他管路的最小安全距离如下：与蒸汽管平行时1000mm，交叉时300mm；与暖气、热水管平行时300mm，交叉时100mm；与通风、上下水管、压缩空气管平行时100mm，交叉时50mm。电气开关和接头与燃气管路间距离应大于150mm，配电箱盘与燃气管路间的距离应大于300mm。

（2）接线盒固定。

1）在现浇混凝土顶板内安装接线盒时，用油漆在设计规定的位置上画上接线盒位置和进出线方向，按进出线方向将接线盒壁上的对应敲落孔取下，将管口用塑料管堵和胶带封好，将接线盒用锯末填满，然后用塑料宽胶带将盒口包扎严密，并根据配管材质不同，按要求做好接地跨接线。

2）现浇混凝土墙体上的电盒预留可随结构施工直接将盒子安装到位，但施工时必须控制好标高及与墙面距离。为了便于控制标高，所有开关、插座盒预留时标高宜比设计标高高1~2cm。为了控制盒与墙面距离，施工时可根据墙体保护层厚度和电盒尺寸，利用结构施工中的废弃短钢筋加工钢筋套子，钢筋套子与墙体钢筋采用绑接固定，通过墙体模板与钢筋套子将电盒夹紧夹牢，以防盒子移位。

3）后砌隔墙上的开关、插座盒在结构施工时可先将配管敷设至准确位置后倾斜出结构混凝土面，待装饰工程施工时随隔墙施工二次接短管安装到位。在后砌隔墙墙体上安装接线盒时，先用油漆在设计规定的位置上画好接线盒的安装地点，然后进行固定点周围的剔洞、切割和加固，处理管端头，安装进盒配件，固定接线盒、铁管，并根据配管材质不同，加接接地跨接线并做好防腐处理，然后用高标号砂浆或金属螺栓固定，安装后保证管入盒深度不超过3mm，并用塑料管堵或塑料护口保护电气预埋管管口。

4）对于在现浇混凝土楼板内安装的地面插座，随结构施工根据地面厚度安装与其配套使用的各种地面出线盒，在出线盒的盒口上安装好接装底座并安装好封盖接口圈，仔细调节调整螺栓使封盖接口圈与地面相平。

（3）电气安装工程的预埋管路比较复杂，为了方便后面工序的施工，可采用以下符号对强弱电系统管路加以区分：强电"△↗"、弱电"□→"，"→"表示管路方向，标识符号在混凝土浇筑前用红色油漆刷在接线盒旁边。

在选择敲落孔时，尽量选择与管外径尺寸相近的孔。安装完毕后，将接线盒敲落孔周围的间隙用塑料胶带封好。管入暗装箱洞时，应排列整齐，管间距离在20mm左右。预留箱洞的模板采用预制木盒，尺寸依箱内元件的类型和数量确定。

（4）质量要求。

1）盒、箱位置正确，固定可靠，管入盒、箱顺直，一管一孔，在盒、箱内露出的长度小于4mm，用锁紧螺母固定的管口，管子露出锁紧螺母的螺纹为2~4扣；盒、箱接地线截面选择及敷设正确，连接紧密牢固。

2）管路超过一定长度时，须按规范要求加装接线盒。

3）强弱电系统盒、箱间的间距必须符合规范要求。

4）电盒安装要避开锅炉、烟道和其他的发热表面。

5）焊接质量要求：圆钢与圆钢焊接，搭接长度不小于最大钢筋直径的6倍，双面施焊；圆钢与扁钢搭接焊，搭接长度不小于圆钢直径的6倍，双面施焊；扁钢与扁钢焊接要求至少三个棱边施焊，焊接长度不小于扁钢宽度的2倍。焊接处要求所有焊接面光滑微凸，无夹渣、裂纹、虚焊、气孔、咬肉现象，焊后焊渣必须清理干净。

26.配电箱防护不到位

错误： 建筑物下的配电箱未做防护棚。

原因及防治措施：

安装二级配电箱防护棚满足标准要求。

（1）竖立杆。

1）全部采用6m长单排双立杆。

2）立杆的横距为5.8m，纵距为1.5m。

3）各种杆件的端头长度不得少于100mm。

（2）摆放扫地杆。

钢管脚手架必须沿两侧立杆设扫地杆，扫地杆距离地面不大于200mm。

（3）摆放第一步大横杆。

1）纵向水平杆设于立杆的内侧，并用直角扣件与立杆扣紧。

2）纵向水平杆采用对接扣件连接，也可采用搭接。对接扣件应交错布置，不应设在同步同跨内，相邻接头水平距离不应大于500mm，并应避免设在跨中。

当采用搭接接头时，搭接接头长度不应小于1m，并应等距设置3个旋转扣件固定，端扣件盖板边缘至杆端的距离不小于100mm。

3）纵向水平杆的长度不小于3跨，尽量采用6m长钢管。

（4）安放横杆。

1）用直角扣件扣紧在纵向水平杆之上，该杆轴线偏差离主节点的距离为150mm。

2）每一主节点处必须设置一根横向水平杆。

（5）搭设剪刀撑。

1）平台脚手架内外设剪刀撑。

2）剪刀撑按下列要求设置：

①斜杆与地面的倾角宜在 45°~60° 之间。

②剪刀撑应在外侧立面整个长度连续设置。

③剪刀撑斜杆应用旋转扣件固定在与之相交的横向水平杆伸出端或立杆上，旋转扣件中心线距主节点的距离不应大于150mm。

（6）剪刀撑应随立杆、纵横向水平杆等同步搭设。

（7）棚架搭设。

棚架共分为上、下两层，上下两层用钢管连接在一起，间距不大于1000mm，在水平钢管上铺设脚手板。在棚架与脚手架间设置斜向撑杆，间距1500mm。

27.电缆桥架安装不规范

错误： 电缆桥架安装不规范。

原因及防治措施：

（1）槽式大跨距电缆桥架由室外进入建筑物内时，桥架向外的坡度不得小于1/100。

（2）电缆桥架与用电设备交叉时，其间的净距不小于0.5m。

（3）两组电缆桥架在同一高度平行敷设时，其间净距不小于0.6m。

（4）在平行图上绘出桥架的路由，要注明桥架起点、终点、拐弯点、分支点及升降点的坐标或定位尺寸、标高，如能绘制桥架敷设轴侧图，则对材料统计将更精确。

直线段：注明全长、桥架层数、标高、型号及规格。拐弯点和分支点:注明所用转弯接板的型号及规格。升降段：注明标高变化，也可用局部大样图或剖面图表示。

（5）桥架支撑点， 如立柱、托臂或非标准支、构架的间距、安装方式、型号规格、标高，可同时在平面上列表说明，也可分段标出用不同的剖面图、单线图或大样图表示。

（6）电缆引下点位置及引下方式，一般而言，大批电缆引下可用垂直弯接板和垂直引上架，少量电缆引下可用导板或引管，注明引下方式即可。

（7）电缆桥架宜高出地面2.2m以上，桥架顶部距顶棚或其他障碍物不应小于0.3m，桥架宽度不宜小于0.1m，桥架内横断面的填充率不应超过50%。

（8）电缆桥架内缆线垂直敷设时，在缆线的上端和每间隔1.5m处应固定在桥架的支架上；水平敷设时，在缆线的首、尾、转弯及每间隔3~5m处进行固定。

（9）在吊顶内设置时，槽盖开启面应保持80mm的垂直净空，线槽截面利用率不应超过50%。

（10）布放在线槽的缆线可以不绑扎，槽内缆线应顺直，尽量不交叉，缆线不应溢出线槽。在缆线进出线槽部位、转弯处应绑扎固定。垂直线槽布放缆线应每间隔1.5m固定在缆线支架上。

（11）在水平、垂直桥架和垂直线槽中敷设线时，应对缆线进行绑扎。4对线电缆以24根为1束，25对或以上主干线电缆、光缆及其他信号电缆应根据缆线的类型、缆径、缆线芯数分束绑扎。绑扎间距不宜大于1.5m，扣间距应均匀，松紧适度。

（12）桥架水平敷设时，支撑间距一般为1.5~3m，垂直敷设时固定在建筑物构体上的间距宜小于2m。

（13）对于电缆桥架的支、吊架的配置。

1）户内支、吊短跨距一般采取1.5~3m。户外立柱中跨距一般采取6m。

2）非直线段的支、吊架配置就遵循以下原则。当桥架宽度<300mm时，应在距非直线段与直线结合处300~600m的直线段侧设置一个支、吊架；当桥架宽度>300mm时，在非直线段中部还应增设一个支、吊架。

3）拉挤玻璃钢电缆桥架多层设置时层间中心距为200、250、300、350mm。

4）桥架直线段每隔50m应预留伸缩缝20~30mm（金属桥架）。

（14）防火：要求桥架防火的区段，必须采用钢制或不燃、阻燃材料。

（15）拉挤玻璃钢电缆桥架的接地。

1）桥架系统应具有可靠的电气连接并接地（只对金属桥架）。

2）当允许利用桥架系统构成接地干线回路时应符合下列要求。桥架端部之间连接电阻应不大于0.00033Ω，接地孔应清除绝缘涂层。在1kV及以下中性点直接接地系统中，受电设备的接地与系统中性线接地相连。装有触动切断供电装杆时，桥架的级长方向金属横截面积应不小于规定值。

3）沿桥架全长另敷设接地干线时，每段（包括非直线段）桥架应至少有一点与接地干线可靠连接。

4）对于振动场所，在接地部位的连接处应装置弹簧圈。

（16）桥架系统设计内容：桥架系统工程设计应与土建、工艺以及有关专业密切相配合以确定最佳布置，其设计内容可含有：

1）桥架系统的有关剖面图。

2）桥架系统的平面布置图。

3）桥架系统所需直线段、弯通、支、吊架规格和数量的明细表以及必要的说明。

4）有特殊要求的非标件技术说明或示意图。

（17）安装：电缆桥架的安装请参照中国建筑标准设计研究院所发行的JSJT—121全国通用建筑标准设计—电气装置标准图集《电缆桥架安装》。

28.违规用焊接钢管代替KBG管

错误：违规用焊接钢管代替KBG管。

原因及防治措施：

KBG套接扣压式电冷镀锌钢导线管，采用优质冷轧带钢，经高精度焊管机高频焊接而成，双面镀锌保护，壁厚均匀，焊缝光滑，管口边缘。

KBG 适用于明敷设的薄壁金属管材，它不同以往的SC管

材，在进行接地跨接时要进行焊接而且做防腐处理。而这类管材只需在两管连接处卡管螺丝连接即可，它不像有的人所说是在地下层（隐蔽层）用的，这是因为它的最大壁厚不超过1mm，所以不适用隐蔽层的埋管。这一点在施工的时

候一定要注意，隐蔽层尤其是混凝土浇灌层一定要用厚壁管材。

29.总照明进户施工不规范

错误：违规施工厂房总照明
进户部位。

原因及防治措施：

（1）金属电管未做内、外
防腐，锈蚀严重。

（2）主体中检前已违规打
好地坪，但总等电位联结扁钢仅
有一根。

（3）仅有的一根扁钢来自
基础接地，但从基础接地仅引入一根扁钢进总等电位联结箱属于违规，不满足
电气验收规范的要求。

（4）缺少到室外人工接地装置的两根扁钢、到消防进户管的一根扁钢、到
暖气进户管的一根扁钢。

30.电缆头制作不符合规定

错误：电缆头制作不符合规定。

原因及防治措施：

1）电缆头制作时的清洁工作。空气中的有害尘埃，在焊接地线时，剥除
半导体层或使用喷灯时留下的积炭等极易沾染到热缩附件和电缆的半导体材料
上。如果制作过程中不注意清洁工作，会造成电缆附件界面爬行放电，导致纵

向击穿电缆绝缘。因此，在施工过程中，要十分注意电缆清洁问题。

2）电缆头制作过程中要注意防潮工作。

3）严格控制热缩温度。热缩件对温度要求严格，一般要求温度控制在120℃，所以在施工中，要求在使用喷灯时喷灯火焰运动要均匀，喷灯火焰距离热缩件60~80mm为最佳，要以圆周形式从根部向上收缩，以利于套管中的空气充分排出，达到紧缩目的。

4）终端头接线端子及中间接头的施工工艺。选用相同截面的铜线鼻子作为接线端子。在电缆头制作过程中，要掌握好尺寸，按照说明书中要求进行施工。

31.动力出线开关下口绝缘破损

错误：动力出线开关下口绝缘破损。

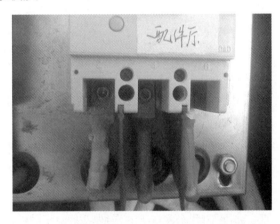

原因及防治措施：

（1）柜、屏、台、箱、盘的金属框架及基础型钢必须接地（PE）或接零（PEN）可靠；装有电器的可开门，门和框架的接地端子间应用裸编织铜线连接，且有标志。

（2）低压成套配电柜、控制柜（屏、台）和动力、照明配电箱（盘）应有可靠的电击保护。柜（屏、台、箱、盘）内保护导体应有裸露的连接外部保护导体的端子，当设计无要求时，柜（屏、台、箱、盘）内保护导体最小截面积S_p不应小于表2-7的规定。

表2-7　保护导体的截面积

相线的截面积S/mm^2	相应保护导体的最小截面积S_p/mm^2
$S \leqslant 16$	S
$16 < S \leqslant 35$	16
$35 < S \leqslant 400$	$S/2$
$400 < S \leqslant 800$	200
$S > 800$	$S/4$

注：S指柜（屏、台、箱、盘）电源进线相线截面积，且两者（S、S_p）材质相同。

（3）手车、抽出式成套配电柜推拉应灵活，无卡阻碰撞现象。动触头与静触头的中心线应一致，且触头接触紧密，投入时，接地触头先于主触头接触；退出时，接地触头后于主触头脱开。

（4）低压成套配电柜交接试验，必须符合下列规定。

1）每路配电开关及保护装置的规格、型号，应符合设计要求。

2）相间和相对地间的绝缘电阻值应大于$10M\Omega$。

3）电气装置的交流工频耐压试验电压为$1kV$，当绝缘电阻值大于$10M\Omega$时，可采用$2500V$兆欧表摇测替代，试验持续时间1分钟，无击穿闪络现象。

（5）柜、屏、台、箱、盘间线路的线间和线对地间绝缘电阻值，馈电线路必须大于$10M\Omega$；二次回路必须大于$10M\Omega$。

（6）柜、屏、台、箱、盘间二次回路交流工频耐压试验，当绝缘电阻值大于$10M\Omega$时，用$2500V$兆欧表摇测1分钟，应无闪络击穿现象；当绝缘电阻值在$1\sim10M\Omega$时，做$1000V$交流工频耐压试验，时间1分钟，应无闪络击穿现象。

（7）直流屏试验，应将屏内电子器件从线路上退出，检测主回路线间和线对地间绝缘电阻值应大于$10M\Omega$，直流屏所附蓄电池组的充、放电应符合产品技术文件要求；整流器的控制调整和输出特性试验应符合产品技术文件要求。

（8）照明配电箱（盘）安装应符合下列规定。

1）箱（盘）内配线整齐，无绞接现象。导线连接紧密，不伤芯线，不断股。垫圈下螺丝两侧压的导线截面积相同，同一端子上导线连接不多于2根，防松垫圈等零件齐全。

2）箱（盘）内开关动作灵活可靠，带有漏电保护的回路，漏电保护装置动作电流不大于30mA，动作时间不大于0.1s。

3）照明箱（盘）内，分别设置零线（N）和保护地线（PE线）汇流排，零线和保护地线经汇流排配出。

（9）基础型钢安装应符合表2-8的规定。

表2-8　基础型钢安装允许偏差

项目	允许偏差（mm）	
	每米	全长
不直度	1	5
水平度	1	5
不平行度	—	5

（10）柜、屏、台、箱、盘相互间或与基础型钢应用镀锌螺栓连接，且防松零件齐全。

（11）柜、屏、台、箱、盘安装垂直度允许偏差为1.5‰，相互间接缝不应大于2mm，成列盘面偏差不应大于5mm。

（12）柜、屏、台、箱、盘内检查试验应符合下列规定。

1）控制开关及保护装置的规格、型号符合设计要求。

2）闭锁装置动作准确、可靠。

3）主开关的辅助开关切换动作与主开关动作一致。

4）柜、屏、台、箱、盘上的标识器件标明被控设备编号及名称，或操作位置，接线端子有编号，且清晰、工整、不易脱色。

5）回路中的电子元件不应参加交流工频耐压试验；48V及以下回路可不做交流工频耐压试验。

（13）低压电器组合应符合下列规定。

1）发热元件安装在散热良好的位置。

2）熔断器的熔体规格、自动开关的整定值符合设计要求。

3）切换压板接触良好，相邻压板间有安全距离，切换时不触及相邻的压板。

4）信号回路的信号灯、按钮、光字牌、电铃、电笛、事故电钟等动作和信号显示准确。

5）外壳需接地（PE）或接零（PEN）的，连接可靠。

6）端子排安装牢固，端子有序号，强电、弱电端子隔离布置，端子规格与芯线截面积大小适配。

（14）柜、屏、台、箱、盘间配线：电流回路应采用额定电压不低于750V、芯线截面积不小于2.5mm²的铜芯绝缘电线或电缆；除电子元件回路或类似回路外，其他回路的电线应采用额定电压不低于750V、芯线截面不小于1.5mm²的铜芯绝缘电线或电缆。二次回路连线应成束绑扎，不同电压等级、交流、直流线路及计算机控制线路应分别绑扎，且有标志；固定后不应妨碍手车开关或抽出式部件的拉出或推入。

（15）连接柜、屏、台、箱、盘面板上的电器及控制台、板等可动部位的电线应符合下列规定。

1）采用多股铜芯软电线，敷设长度留有适当裕量。

2）线束有外套塑料管等加强绝缘保护层。

3）与电器连接时端部绞紧，且有不开口的终端端子或搪锡，不松散、断股。

4）可转动部位的两端用卡子固定。

（16）照明配电箱（盘）安装应符合下列规定。

1）位置正确，部件齐全，箱体开孔与导管管径适配，暗装配电箱箱盖紧贴墙面，箱（盘）涂层完整。

2）箱（盘）内接线整齐，回路编号齐全，标志正确。

3）箱（盘）不采用可燃材料制作。

4）箱（盘）安装牢固，垂直度允许偏差为1.5‰；底边距地面为1.5m，照明配电板底边距地面不小于1.8m。

32. 卫生间插座安装不合格

错误： 卫生间插座安装不合格。

原因及防治措施：

（1）插座接线应符合下列规定。

1）单相两孔插座，面对插座的右孔或上孔与相线连接，左孔或下孔与零线连接；单相三孔插座，面对插座的右孔与相线连接，左孔与零线连接。

2）单相三孔、三相四孔及三相五孔插座的接地（PE）或接零（PEN）线

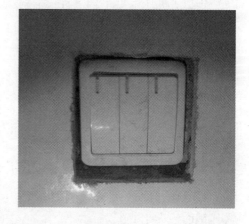

接在上孔。插座的接地端子不与零线端子连接。同一场所的三相插座，接线的相序一致。

3）接地（PE）或接零（PEN）线在插座间不串联连接。

（2）特殊情况下插座安装应符合下列规定。

1）当接插有触电危险家用电器的电源时，采用能断开电源的带开关插座，开关断开相线。

2）潮湿场所采用密封型并带保护地线触头的保护型插座，安装高度不低于1.5m。

（3）照明开关安装应符合下列规定。

1）同一建筑物、构筑物的开关采用同一系列的产品，开关的通断位置一致，操作灵活、接触可靠。

2）相线经开关控制；民用住宅无软线引至床边的床头开关。

（4）插座安装应符合下列规定。

1）当不采用安全型插座时，托儿所、幼儿园及小学等儿童活动场所安装高度不小于1.8m。

2）暗装的插座面板紧贴墙面，四周无缝隙，安装牢固，表面光滑整洁、无碎裂、划伤，装饰帽齐全。

3）车间及试（实）验室的插座安装高度距地面不小于0.3m；特殊场所暗装的插座不小于0.15m；同一室内插座安装高度一致。

4）地插座面板与地面齐平或紧贴地面，盖板固定牢固，密封良好。

33.电管敷设不符合标准规定

错误：电管敷设不符合标准规定。

原因及防治措施：

（1）划定灯头盒位置。为了保证灯头盒位置的准确，首先应该根据设计图纸要求的灯具的型号，计算出灯头盒位置，如普通座灯头吸顶安装、普通吊线安装，灯头盒应该安装在房间的中心，而日光灯的灯头盒不能放在房间的中心。根据计算出的位

置在模板上划出位置线，以免发生错误。施工前注意审图，特别要核对一下土建图纸，注意房间内是否有吊壁柜等，避免灯位在房间内不居中。

（2）固定灯头盒。根据划出的位置线，把灯头盒初步固定在钢筋上，为了施工方便可选用活底盒，盒固定后先打开底板，连接管路，安装盒接头，然后用废纸或其他柔性材料将盒堵塞密实，再固定好底板并加强灯头盒的固定。灯头盒必须封堵严密，以免灰浆渗入造成管路堵塞。堵盒前首先堵好管口，避免电线管路内流入灰浆，造成堵管。

（3）敷设管路。管路必须敷设在上下层钢筋之间，与钢筋绑扎固定。根据去向的不同，可以分为三种情况，第一种是从楼面内向上层引出的管路；第二种是从顶板向下引的管路，如向非承重隔墙板引出的开关管路；第三种是只在现浇顶板内敷设的管路。

1）对于从楼地面向上层引出的管路，必须保证在上层墙体位置线内引出，可以参照土建梁或墙体的钢筋位置，注意向上部分管路不要跨越轴线而形成交叉，以免给后续施工带来不必要的麻烦。向上的管路在引出位置应固定一根不小于$\phi 8$的钢筋，用以固定位置和保护管路不受外损伤折断。管口必须封堵严密，可以采用管堵封堵。在土建楼层放线后及时检查，对超出墙体线的管路，要及时进行处理。如果是根部超出，必须进行剔凿然后重新接管；如果是上部超出墙体线只需将其扳正，但要注意不能用力过猛，避免管路折断或变形。

2）对于从顶板向下引的管路，为了不给土建模板造成较大的损害，采用暂时不引下，而等到土建拆模后再向下引的办法。具体做法是：在需要引下的位置预埋一块200mm×100mm×100mm的聚苯板，聚苯板要紧贴模板固定，把管头插入聚苯板中，并连接牢固紧密。等到土建拆模后安装隔墙板时，挖开聚苯板并将管路引下，既避免了模板的损坏，又可以保证引下位置的准确。注意管口必须封堵严密，可以采用管堵封堵。

3）对于只在现浇顶板内敷设的管路首先应该截取长度适当的管路，把管路一端与盒接头连接，并将盒接头与灯头盒固定，然后连接另一端。连接后把管路与钢筋绑扎固定。

管路敷设时常见的质量问题与解决办法见表2-9所示。

表2-9 管路敷设时常见的质量问题与解决办法

容易出现的质量问题	解决办法
管口向上的电线管路内掉入杂物造成堵管	管路敷设后及时堵好管口
从楼地面向上层引出的管路，折断和移位	引出长度不超过300mm，并用钢筋固定，浇捣混凝土时派电工值班
从顶板向下引的管路，位置不准确	仔细审图，并与土建专业核对位置

成品保护要求：聚苯板块固定后要注意保护，不得损坏，其他工种不得碰撞或弯折电线管路。

（4）管路连接。包括管路与管路的连接和管路与灯头盒的连接两种情况。

1）管路与管路的连接使用与管路配套的套管和专用胶黏剂。连接前注意首先要清除被连接管端的灰尘等，保证黏接部位清洁干燥，用小毛刷涂抹胶黏剂，要均匀、不漏刷、不流坠。涂好后平稳地插入套管中，插接要到位。必要时可用力转动套管，保证连接可靠。套管连接的管路应保持平直。

2）管路与灯头盒的连接：使用配套的盒接头和胶黏剂。首先根据两个灯头盒位置，截取适当长度的管路，长度不够时可以连接使用。按照上面套管与管路连接的办法，把盒接头的一端与管路连接，把盒接头的另一端插入盒内，并用配套的锁母固定。安装另一端的灯头盒时，盒接头安装后，可将管路或灯头盒稍撬起后插入并用配套的锁母固定。

（5）管路切断。对于直径在25mm以下的管路可以使用专用的剪管器（割管器）进行剪切，注意不能使切断的管口发生变形。对于直径在20mm以上的管路可以使用钢锯锯断，但必须用钢锉把管口内外的毛刺修整平齐，不能斜口，以避免接管时出现质量问题。

（6）管路弯曲。对于直径在25mm以下的管路，使用配套的弯管弹簧，首先将与管规格相配套的弯管弹簧插入需要煨弯的部位，如果管路长度不大于弹簧长度的可用铁丝拴牢弹簧的一端，拉到合适的位置，两手抓住弯管弹簧的两端位置，用膝盖顶住被弯曲部位，两端用力逐渐煨出所需的弯度，注意不能用力过快过猛，以免管路发生变形。对于直径在32mm以上的管路，使用弯管弹簧会有一定的困难，这时可以使用热煨法，首先将弯管弹簧插入管内，对规格大的管路，没有配套的弯管弹簧时，可以把细沙灌入管内并振实，堵好两端管口，用电炉或热风机对需要弯曲部位进行均匀加热，加热到可以弯曲时，将管子的一端固定在平整的木板上，逐步煨出所需要的弯度，然后用湿布抹擦弯曲部位使其冷却。寒冷天气施工时可以把细沙炒热并把管路拿到室内预制。

34.作业工人不戴安全帽

错误：作业工人不戴安全帽。

原因及防治措施：

（1）安全帽是一种责任，一种形象。当我们正确佩戴安全帽以后，立即有两种感觉，一是感到沉甸甸的，二是觉得受到了约束。沉甸甸的安全帽提示每一位施工的员工，安全是一种责任，必须重视加强安全生产管理，约束警示每一位进入现场的人员，安全为我、我要安全，不要冒险、不要蛮干。

（2）安全帽是一种标志。在现场可以看到不同颜色的安全帽，千万别认为安全帽是可以随便戴的。一般工地分为：生产工人应该戴白色安全帽，电工戴蓝色安全帽，管理人员戴黄色安全帽，领导、承包商负责人、业主、监理戴红色安全帽。

（3）安全帽是一种安全防护用品。主要保护头部，防高空物体坠落，防物体打击、碰撞。什么样的安全帽安全？合格的安全帽必须是有生产许可证的专业厂家生产，安全帽上应有商标、型号、制造厂名称、生产日期和生产许可证编号。根据安全规程有关要求，安全帽的佩戴方法应是这样的：合格的安全帽内衬和下颌带是可以调节的。首先应将内衬圆周大小调节到对头部稍有约束感但又不难受的程度，以不系下颌带低头时安全帽不会脱落为宜；其次佩戴安全帽必须系好下颌带，下颌带应紧贴下颌，松紧以下颌有约束感，但不难受为宜。

35.电气竖井布线不符合规范

错误： 电气竖井布线不符合规范。

原因及防治措施：

（1）电气竖井宜用于住宅建筑供电电源垂直干线等的敷设，并可采取电缆直敷、导管、线槽、电缆桥架及封闭式母线等明敷设布线方式。当穿管管径不大于电气竖井壁厚的1/3 时，线缆可穿导管暗敷设于电气竖井壁内。

（2）明敷设包括电缆直接明敷、穿管明敷、桥架敷设等。

（3）当电能表箱设于电气竖井内时，电气竖井内电源线缆宜采用导管、金属线槽等封闭式布线方式。

（4）电能表箱如果安装在电气竖井内，非电气专业人员有可能打开竖井查看电能表，为保障人身安全，竖井内AC50V 以上的电源线缆宜采用保护槽管封闭式布线。

（5）电气竖井的井壁应为耐火极限不低于1h 的不燃烧体。电气竖井应在每层设维护检修门，并宜加门锁或门控装置。维护检修门的耐火等级不应低于丙级，并应向公共通道开启。

（6）电气竖井加门锁或门控装置是为了保证住宅建筑的用电安全及电气设备的维护，防窃电和防非电气专业人员进入。门控装置包括门磁、电力锁等出入口控制系统。

（7）住宅建筑电气竖井检修门除应满足竖井内设备检修要求外，检修门的尺寸高×宽不宜小于1.8m×0.6m。

（8）电气竖井的面积应根据设备的数量、进出线的数量、设备安装、检修等因素确定。高层住宅建筑利用通道作为检修面积时，电气竖井的净宽度不宜小于0.8m。

（9）电气竖井净宽度不宜小于0.8m。

（10）电气竖井内竖向穿越楼板和水平穿过井壁的洞口应根据主干线缆所需的最大路由进行预留。楼板处的洞口应采用不低于楼板耐火极限的不燃烧体或防火材料作封堵，井壁的洞口应采用防火材料封堵。

（11）电气竖井内应急电源和非应急电源的电气线路之间应保持不小于0.3m 的距离或采取隔离措施。

（12）强电和弱电线缆宜分别设置竖井。当受条件限制需合用时，强电和弱电线缆应分别布置在竖井两侧或采取隔离措施。

（13）强电与弱电的隔离措施可以用金属隔板分开或采用两者线缆均穿金属管、金属线槽。采取隔离措施后，根据《综合布线系统工程设计规范》 GB 50311—2007 表7.0.1—1，最小间距可为 10 ~300mm。

（14）电气竖井内应设电气照明及至少一个单相三孔电源插座，电源插座距地宜为0.5~1.0m。

（15）电气竖井内的电源插座宜采用独立回路供电，电气竖井内照明宜采用应急照明。电气竖井内的照明开关宜设在电气竖井外，设在电气竖井内时照明开关面板宜带光显示。

（16）电气竖井内应敷设接地干线和接地端子。

（17）接地干线宜由变电所PE母线引来，接地端子应与接地干线连接，并做等电位联结。

36.升降机违规操作

错误： 升降机违规操作。

原因及防治措施：

（1）升降机应有专职机构和专职人员管理。

（2）组装后应进行验收，并进行空载、动载和超载试验。

（3）由专职司机操作。升降机司机应经专门培训、人员要相

对稳定，每班开机前，应对卷扬机、钢丝绳、地锚、缆风绳进行检验，并进行空车运行，合格后方准使用。

（4）严禁载人。升降机主要是运送物料的，在安全装置可靠的情况下，装卸料人员才能进入到吊篮内工作，严禁各类人员乘吊篮升降。

（5）禁止攀登架体和从架体下面穿越。

（6）要设置灵敏可靠的联系信号装置。做到各操作层均可同司机联系，并且信号准确。

（7）缆风绳不得随意拆除。

（8）保养设备必须在停机后进行。

（9）架体及轨道发生变形必须及时纠正。

（10）严禁超载运行。

（11）司机离开时，应降下吊篮并切断电源。

37.配电室地沟内电缆放置不当

错误：配电室地沟内电缆拖放在地下，无标志牌。

原因及防治措施：

（1）GB50168—2006 的 5.2.6 条规定：直埋电缆在直线段每隔 50~100m

处、电缆接头处、转弯处、进入建筑物处，应设置明显的方位标志或标桩（国家强制性条文）。

（2）GB 50542—2009的3.0.21的第6条规定：对管线点应设置易识别的木桩、铁钉、油漆等临时性地面标志或预制水泥桩或块、刻石等永久性地面标志。

地面标志宜标明管线的名称、走向或流向。永久性地面标志不得影响管线的正常使用、检修、安全、交通等要求。

38.电缆桥架过楼板处未封堵

错误： 电缆桥架过楼板处的四周未用防火胶泥作封堵。

原因及防治措施：

（1）在孔洞底部安装防火隔板，并用φ6的钢筋支撑，防火堵料填充在孔洞及桥架内。

（2）钢筋采用电锤打墙孔，插入，用混凝土灌注固定。

（3）堵料必须填充均匀、结实。

（4）堵料填充高度超过楼板2~3cm。

39.镀锌电缆桥架的固定、连接不规范

错误：镀锌电缆桥架的固定、连接都不规范。

原因及防治措施：

（1）金属电缆桥架及其支架和引入或引出的金属电缆导管必须接地（PE）或接零（PEN）可靠，且必须符合下列规定。

1）金属电缆桥架及其支架全长不应少于2处与接地（PE）或接零（PEN）干线相连接。

2）非镀锌电缆桥架间连接板的两端跨接铜芯接地线，接地线最小允许截面积不小于4mm²。

3）镀锌电缆桥架间连接板的两端不跨接接地线，但连接板两端不少于2个有防松螺帽或防松垫圈的连接固定螺栓。

（2）电缆敷设严禁有绞拧、装压扁、护层断裂和表面严重划伤等缺陷。

（3）电缆桥架安装应符合下列要求。

1）直线段钢制电缆桥架长度超过30m、铝合金或玻璃钢制电桥架长度超过15m设伸缩节；电缆桥架跨越建筑物变形缝处设置补偿装置。

2）电缆桥架转弯处的弯曲半径，不小于桥架内电缆最小允许弯曲半径，电缆最小允许弯曲半径见表2-10。

表2-10 电缆最小允许弯曲半径

序号	电缆种类	最小允许弯曲半径
1	无铅包钢铠护套的橡皮绝缘电力电缆	10D
2	有钢铠护套的橡皮绝缘电力电缆	20D
3	聚氯乙烯绝缘电力电缆	10D
4	交联聚氯乙烯绝缘电力电缆	15D
5	多芯控制电缆	10D

注：D为电缆直径。

3）当设计无要求时，电缆桥架水平安装的支架间距为1.5~3m；垂直安装的支架间距不大于2m。

4）桥架与支架间螺栓、桥架连接板螺栓固定紧固无遗漏，螺母位于桥架外侧；当铝合金桥架与钢支架固定时，有相互间绝缘的防电化腐蚀措施。

5）电缆桥架敷设在易燃易爆气体管道和热力管道的下方，当设计无要求时，与管道的最小净距应符合表2-11的规定。

表2-11 与管道的最小净距

管道类别		平行净距（m）	交叉净距（m）
一般工艺管道		0.4	0.3
易燃易爆气体管道		0.5	0.5
热力管道	有保温层	0.5	0.3
	无保温层	1.0	0.5

6）敷设在竖井内和穿越不同防火区的桥架，按设计要求位置，有防火隔堵措施。

7）支架与预埋件焊接固定时，焊缝饱满；膨胀螺栓固定时，选用螺栓适配，连接坚固，防松零件齐全。

40.卫生间插座布置错误

错误: 卫生间插座离窗户太近。

原因及防治措施: 卫生间插座的安装高度与安装的位置有非常大的关系。卫生间是分区的,在各个分区中的安装高度是不同的。

《民用建筑电气设计规范》JGJ／T16—92第14.8.2.8条规定:"在0、1及2区内,不允许非本区的配电线路通过;也不允许在该区内装设接线盒。"同时第14.8.2.9条规定:"开关和控制设备的装设,须符合以下要求:

(1)在0、1及2区内,严禁装设开关设备及辅助设备。

(2)任何开关的插座,必须至少距淋浴间的门边0.6m以上。

(3)当未采取安全超低压供电及其用电器具时,在0区内,只允许采用专用于澡盆的电器;在1区内,只可装设水加热器;在2区内,只可装设水加热器及II级照明器。"其中强调的是0、1及2区内电气设计要求。要正确理解此条,必须掌握0、1及2区的区域划分。《民用建筑电气设计规范》附录E.2用文字及图示完整地加以说明:

0区为澡盆或淋浴盆的内部;1区的限界为围绕澡盆或淋浴盆的垂直平面;或对于无盆淋浴,距离淋浴喷头0.60m的垂直平面,地面和地面之上2.25m的水平面;2区的限界为1区外界的垂直平面和1区之外0.60m的平行垂直平面,地面和地面之上2.25m的水平面;3区的限界为2区外界的垂直平面和2区之外2.40m的平行垂直平面,地面和地面之上2.25m的水平面。

需要说明的是,1、2区的限界规定的水平面为"地面和地面之上2.25m。"所以,暗设于现浇板内的线路及超过2.25m安装的排气扇接线盒不处于0、1及2区内,当然也就不违反规范。

《2003全国民用建筑工程设计技术措施 电气分册》第9.3.9条规定:"为保障卫生间的用电安全,卫生间内的电气设备应符合下列要求:

(1)卫生间内选用的电气装置,不论标称电压如何,必须能防止手指触及电气装置内带电部分或运动部件。

（2）在卫生间的浴缸或淋浴盆周围0.6m范围内的配线，应仅限于该区的用电设备所必需的配线，并宜将电气线路敷设在卫生间外。同时，卫生间内的电气配线应成为线路敷设的末端。

（3）卫生间内宜选用其额定电压不低于0.45/0.75kV电线。

（4）任何开关和插座距成套淋浴间门口不得小于0.6m，并应有防水、防潮措施。

（5）应采用剩余电流保护电器作用于自动切断供电。并对卫生间内所有装置可导电部分与位于这些区域的所有外露可导电部分的保护线进行等电位连接。卫生间不应采用非导电场所或不接地的等电位连接的间接接触保护措施。"

41.灯具开关布置不当

错误：灯具开关离门框太远不方便使用。

原因及防治措施：

（1）照明灯离地高度应不小于2m。

（2）灯泡容量大于等于100W时应采用瓷质灯头。

（3）一只电灯挂线盒只能挂接一只照明灯。

（4）照明开关离地高度宜为1.3m。

（5）照明开关边缘离门框距离应为0.15~0.2m。

42.配电柜施工不规范

错误： 配电柜的基础太随意，配电柜安装也不规范。

原因及防治措施： 配电柜底座一般用型钢制作，如角钢、槽钢等。钢材规格大小根据配电柜的尺寸和重量而定，槽钢用5~10号，角钢用L30×4~L50×5。型钢先矫平直再下料。

配电柜平稳地安装到基础槽钢上，柜间用螺栓拧紧，找平、找正后与基础槽钢焊接在一起，盘柜要用6mm的软铜线与接地干线相连，作为保护接地。固定底座用的底板由土建施工进行预埋。安装人员应配合或检查验收其准确性。

（1）柜安装在震动场所，应采取防震措施（如开防震沟，加弹性垫等）。

（2）柜本体及柜内设备与各构件间连接应牢固。主控制柜、继电保护柜、自动装置柜等不宜与基础型钢焊死。

（3）单独或成列安装时，其垂直度、水平度以及柜面不平度和柜间接缝的允许偏差应符合施工要求。

（4）端子箱安装应牢固，封闭良好，安装位置应便于检查；成列安装时，应排列整齐。

（5）柜的接地应牢固良好。装有电器的可开启的柜门，应以软导线与接地的金属构架可靠地连接。

（6）柜内配线整齐、清晰、美观、导线绝缘良好，无损伤，柜的导线不应有接头；每个端子板的每侧接线一般为一根，不得超过两根。

（7）柜内配线应采用截面不小于1.5mm、电压不低于400V的铜芯线。

（8）柜内敷设的导线符合安装规范的要求，即同方向导线汇成一束捆扎，沿柜框布置导线；导线敷设应横平、竖直，转弯处应成圆弧过渡的直角。

（9）橡胶绝缘芯线引进出柜内、外应外套绝缘管保护。

（10）配电柜安装好后，柜面油漆应完好。若有损坏，应重新喷漆。

43.楼梯间的疏散指示灯施工不当

错误：楼梯间的疏散指示灯在线盒埋设位置错误后，只能做电管明敷。

原因及防治措施：接线方式：各应急灯具宜设置专用线路，中途不设置开关。二线制和三线制型应急灯具可统一接在专用电源上。各专用电源的设置应和相应的防火规范结合。

应急电源与灯具分开放置的，其电气连接应采用耐高温电线，以满足防火要求。二线制该接法是专用应急灯具常用接法，适用于应急灯平时不作照明使用，待断电后应急灯自动点亮；也适用于微功耗应急灯平时常亮，待遇断电后转为应急持续点亮。

三线制该接法为应急灯最常用的接法，可对应急灯具平时的开或关进行控制，当外电路断电时不论开关处于何种状态，应急灯立即点亮应急。

44.暗装配电箱施工不当

错误：暗装配电箱出墙体严重。

原因及防治措施：根据预留孔洞尺寸先将箱体找好标高及水平尺寸进行弹线定位，根据箱体的标高及水平尺寸核对入箱的焊管或PVC管的长短是否合适，间距是否均匀，排列是否整齐等，如管路不合适，应及时按配管的要求进行调

整，然后根据各个管的位置用液压开孔器进行，开孔完毕后，将箱体按标好的位置固定牢固，最后用水泥砂浆填实周边并抹平齐。如箱底与外墙平齐时，应在外墙固定金属网后再做墙面抹灰，不得在箱底板上抹灰。

45.对焊机操作箱配置不合格

错误： 配置严重不合格的对焊机操作箱。

原因及防治措施：

（1）对焊机应安装在棚内，并有可靠的接零。如有多台对焊机并列安装时，间距不得少于3m并应分别接在不同的电网上，分别有各自的漏电开关，UN-100型对焊机导线的截面积应不小于3.5mm²。

（2）焊接前，应根据所焊钢筋截面调整二次电压，不得焊接超过对焊机规定直径的钢筋。

（3）断路器的接触点、电极应定期光磨，二次电路全部连接螺栓应定期紧固。冷却水温度不得超过40℃。

（4）作业前，检查对焊机的压力机构应灵活，夹具应牢固，循环水系统无泄漏，确认正常后方可施焊。

（5）焊接长钢筋时应设置托架；配合搬运钢筋的操作人员，在焊接时要注意防止火花烫伤。

（6）闪光区应设挡板，焊接时无关人员不得入内。

（7）冬季施工时，室内温度应不低于8℃。作业后，放尽机内冷却水。

（8）严禁在配电箱内乱搭乱接电源和存放物品。

46.施工现场临电装置接地电阻超标

错误： 施工现场临电装置重复接地装置的接地电阻超标。

原因及防治措施：

（1）低压配电系统的接地形式可分为TN、TT、IT三种系统，其中TN系统又可分为TN-C、TN-S、TN-C-S三种形式。

（2）TN系统应符合下列基本要求。

1）在TN系统中，配电变压器中性点应直接接地。所有电气设备的外露可导电部分应采用保护导体（PE）或保护接地中性导体（PEN）与配电变压器中性点相连接。

2）保护导体或保护接地中性导体应在靠近配电变压器处接地，且应在进入建筑物处接地。对于高层建筑等大型建筑物，为在发生故障时保护导体的电位靠近地电位，需要均匀地设置附加接地点。附加接地点可采用有等电位效能的人工接地极或自然接地极等外界可导电体。

3）保护导体上不应设置保护电器及隔离电器，可设置供测试用的只有用工具才能断开的接点。

4）保护导体单独敷设时，应与配电干线敷设在同一桥架上，并应靠近安装。

（3）采用TN-C-S系统时，当保护导体与中性导体从某点分开后不应再合并，且中性导体不应再接地。

（4）架空线和电缆线路的接地应符合下列规定。

1）在低压TN系统中，架空线路干线和分支线的终端的PEN导体或PE导体应重复接地。电缆线路和架空线路在每个建筑物的进线处，宜按《建设工程施工现场供用电安全规范》（GB10594）第（2）条的规定作重复接地。在装有剩余电流动作保护器后的PEN导体不允许设重复接地。除电源中性点外，中性导体（N）不应重复接地。

2）低压线路每处重复接地网的接地电阻不应大于10Ω。在电气设备的接地电阻允许达到10Ω的电力网中，每处重复接地的接地电阻值不应超过30Ω，且重复接地不应少于3处。

3）UPS不间断电源装置输出端的中性导体应重复接地。

（5）接零保护应符合下列规定。

1）架空线路终端、总配电盘及区域配电箱与电源变压器的距离超过50m以上时，其保护零线（PE线）应作重复接地，接地电阻值不应大于10Ω。

2）接引至电气设备的工作零线与保护零线必须分开。保护零线上严禁装设开关或熔断器。

（6）中性点直接接地的1kV以下配电线路中的零线，应在电源点接地。在干线和分干线终端处，应重复接地。

1kV以下配电线路在引入大型建筑物处，如距接地点超过50m，应将零线重复接地。

（7）总容量为100kVA以上的变压器，其接地装置的接地电阻不应大于4Ω，每个重复接地装置的接地电阻不应大于10Ω。

总容量为100kVA及以下的变压器，其接地装置的接地电阻不应大于10Ω，每个重复接地装置的接地电阻不应大于30Ω，且重复接地不应少于3处。

（8）当施工现场与外电线路共用同一供电系统时，电气设备的接地、接零保护应与原系统保持一致。不得将一部分设备做保护接零，另一部分设备做保护接地。

采用TN系统做保护接零时，工作零线（N线）必须通过总漏电保护器，保护零线（PE线）必须由电源进线零线重复接地处或总漏电保护器电源侧零线处，引出形成局部TN-S接零保护系统。

（9）TN系统中的保护零线除必须在配电室或总配电箱处做重复接地外，还必须在配电系统的中间处和末端处做重复接地。

在TN系统中，保护零线每一处重复接地装置的接地电阻值不应大于10Ω。在工作接地电阻值允许达到10Ω的电力系统中，所有重复接地的等效电阻值不应大于10Ω。

（10）在TN系统中，严禁将单独敷设的工作零线再做重复接地。

（11）根据现行国家标准《系统接地的型式及安全技术要求》（C.B14050）规定的原则，对TN系统保护零线接地要求做出的规定。其中对TN系统保护零线重复接地、接地电阻值的规定是考虑到一旦PE线在某处断线，而其后的电气设备相导体与保护导体（或设备外露可导电部分）又发生短路或漏电时，降低保护导体对地电压并保证系统所设的保护电器可在规定时间内切断电源，符合下列二式关系：

$$Z_s \cdot I_a \leqslant U_o$$

$$Z_s \cdot I_{\triangle n} \leqslant U_o$$

式中　　Z_s——故障回路的阻抗（Ω）；

I_a——短路保护电器的短路整定电流（A）；

$I_{\triangle n}$——漏电保护器的额定漏电动作电流（A）。

（12）做防雷接地机械上的电气设备，所连接的PE线必须同时做重复接地，同一台机械电气设备的重复接地和机械的防雷接地可共用同一接地体，但接地电阻应符合重复接地电阻值的要求。

47.防雷接地不符合要求

错误：

（1）引下线、均压环、避雷带搭接处有夹渣、焊瘤、虚焊、咬肉、焊缝不饱满等缺陷。

（2）焊渣不敲掉、避雷带上的焊接处不刷防锈漆。

（3）用螺纹钢代替圆钢作搭接钢筋。

（4）直接利用对头焊接的主钢筋作防雷引下线。

原因及防治措施：

（1）操作人员责任心不强，焊接技术不熟练，他们多数人是电工班里的多面手焊工，对立焊的操作技能差。

（2）现场施工管理员对国家施工及验收规范《电气装置安装工程接地装置施工及验收规范》（GB50169 2）有关规定执行力度不够。

（3）加强对焊工的技能培训，要求做到搭接焊处焊缝饱满、平整均匀，特别是对立焊、仰焊等难度较高的焊接进行培训。

（4）增强管理人员和焊工的责任心，及时补焊不合格的焊缝，并及时敲掉焊渣，刷防锈漆。

（5）根据《电气装置安装工程接地装置施工及验收规范》（GB50169 2）规定，避雷引下线的连接为搭接焊接，搭接长度为圆钢直径的6倍，因此，不允许用螺纹钢代替圆钢作搭接钢筋。另外，作为引下线的主钢筋土建如是对头碰焊的，应在碰焊处按规定补一搭接圆钢。

48.室外进户管预埋不符合要求

错误：

（1）采用薄壁铜管代替厚壁钢管。

（2）预埋深度不够，位置偏差较大。

（3）转弯处用电焊烧弯，上墙管与水平进户管网电焊驳接成90°角。

（4）进户管与地下室外墙的防水处理不好。

原因及防治措施：

（1）材料采购员采购时不熟悉国家规范、标准，有的施工单位故意混淆以降低成本；施工管理员不严格或者对承包者的故意违规行为不敢持反对意见，不坚决执行规范和标准；监理人员对材料进场的管理出现漏洞。

（2）与土建和其他专业队伍协调不够。

（3）没有弯管机或不会使用弯管机，责任心不强，贪图方便用电焊烧弯。

（4）预埋进户管的工人不懂防水技术，又不请防水专业人员帮忙。

（5）进户预埋管必须使用厚壁铜管或符合要求的PVC管（一般壁厚 PVC ϕ 114为4.5mm以上，ϕ 56为3mm）。

（6）加强与土建和其他相关专业的协调和配合，明确室外地坪标高，确保预埋管埋深不少于0.7m。

（7）加强对承包队伍领导和材料采购员有关法规的教育，监理人员要严格执行材料进场需检验这一规定，堵住漏洞。

（8）预埋钢管上墙的弯头必须用弯管机弯曲，不允许焊接和烧焊弯曲。钢管在弯制后，不应有裂缝和显著的凹痕现象，其弯扁程序不宜大于管子外径的10%，弯曲半径不应小于所穿入电缆的最小允许弯曲半径。

（9）做好防水处理，请防水专业人员现场指导或由防水专业队做防水处理。

49.配电箱的安装、配线不符合要求

错误：

（1）箱体与墙体有缝隙，箱体不平直。

（2）箱体内的砂浆、杂物未清理干净。

（3）箱壳的开孔不符合要求，特别是用电焊或气焊开孔，严重破坏箱体的油漆保护层，破坏箱体的美观。

（4）落地的动力箱接地不明显（做在箱底下，不易发现），重复接地导线截面不够。箱体内线头裸露，布线不整齐，导线不留余量。

原因及防治措施：

（1）安装箱体时与土建配合不够，土建补缝不饱满，箱体安装时没有用水准仪校水平。

（2）认真将箱内的砂浆杂物清理干净。

（3）箱体的"敲落孔"开孔与进线管不匹配时，必须用机械开孔或送回生产厂家要求重新加工，或订货时严格标定尺寸，按尺寸生产。

（4）加强检查督促，增强施工人员的责任心。

（5）透彻理解验收部门关于接地的有关规定。根据供电部门和市质检总站的要求，动力箱的箱体接地点和导线必须明确显露出来，不能在箱底下焊接或接线。接地的导线按规范当装置的相线截面$S \leqslant 16mm^2$时，接地线最小截面为S；当$16 < S \leqslant 35mm^2$时，接地线的最小截面为$16mm^2$；当$S > 35mm^2$时，接地线的最小截面为$S/2$。

（6）箱体内的线头要统一，不能裸露，布线要整齐美观，绑扎固定，导线要留有一定的余量，一般在箱体内要有10~5cm的余量。

50.灯具、吊扇安装不符合要求

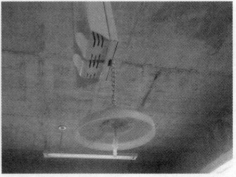

错误：

（1）灯位安装偏位，不在中心点上。

（2）成排灯具的水平度、直线度偏差较大。

（3）吊链日光灯链条不平行，引下的导线未编叉。

（4）吊扇的吊钩用螺纹钢加工，成型差；钟罩不吸顶，接线盒外露。

（5）阳台灯底盘铁板大落、生锈。

（6）天花吊顶的筒灯开孔太大、不整齐。

原因及防治措施：

（1）预埋灯盒时位置不对，有偏差，安装灯具时没有采取补救措施。

（2）施工人员责任心不强，对现行的施工及验收规范、质量检验评定标准不熟悉。

（3）采购员购买灯具时贪图便宜，罔顾质量。

（4）筒灯开孔时没有定好尺寸、孔位，圆孔直径不统一。

（5）安装灯具前，应认真找准中心点，及时纠正偏差。

（6）按规范要求，成排灯具安装的偏差不应大于5mm，因此，在施工中需要拉线定位，使灯具在纵向、横向、斜向以及高低水平均为一直线。

（7）日光灯的吊链应相互平直，不得出现八字形，导线引下应与吊链编叉在一起。

（8）预埋吊扇挂钩时，应用不小于ϕ8的镀锌圆钢与板内的钢筋固定在一起，不准采用螺纹钢，吊钩加工成型应一致，且刷防锈漆。吊扇的钟罩能够吸顶且将吊钩和接线盒遮住。成排的吊扇应成一直线，偏差≤5mm。

（9）阳台灯具的底盒铁板厚度≥0.5mm，且油漆表面均匀平滑，能很好地起到防锈的作用；玻璃罩不能太薄，以免安装时破裂。

（10）天花吊顶的筒灯开孔要先定好坐标，除要求平直、整齐和均等外，开孔的大小要符合筒灯的规格，不得太大，以保证筒灯安装时外圈牢固地紧贴吊顶，不露缝隙。

（11）施工人员、采购人员要认真执行国家和地方的有关规范。

51.路灯、草坪灯、庭园灯和地灯的安装不符合要求

错误：

（1）灯杆掉漆、生锈、松动。

（2）接地安装不符合要求，甚至没有接地线。

（3）灯罩太薄，易破损、脱落。

（4）草坪灯、地灯的灯泡瓦数太大，使用时灯罩温度过高，易烫伤人；或者灯罩边角锋利，易割伤人。

原因及防治措施：

（1）购买灯具时没有严格要求，防锈层没有做好，灯罩的玻璃或塑料强度不够，固定灯座的螺栓不相符，难以固定。

（2）设计时只考虑照度，疏忽了可能会对行人特别是小孩触摸时造成伤害。

（3）施工人员不认真执行规范，对接地、对人身安全的重要性认识不足。

（4）选用合格的灯具，特别是针对沿海潮湿天气，一定要选用较好的防锈灯杆；灯罩无论是塑料或者玻璃，均应具有较强的抗台风强度。

（5）草坪灯、地灯一般追求的是点缀效果，在设计及选型时应考虑到大功率的白炽灯所产生的温度的影响。有关方面的数据表明，40W灯泡表面温度可达56℃，60W可达137~180℃，100W的可达170~216℃，所以，在低矮和保护罩狭小的地灯、草坪灯安装60W以上的灯泡，极易使保护罩温度过高而烫伤人。另外，一些草坪灯为了选型别致，边角太过锋利，也易伤及喜欢触摸的小孩。

（6）接地事关人命，路灯、草坪灯、庭园灯和地灯必须有良好的接地；灯杆的接地极必须焊接牢靠，接头处搪锡，路灯电源的PE保护线与灯杆接地连接时必须用弹簧垫片压顶后再拧上螺母。

附录1 给排水质量通病防治要点

（1）设计。

1）管道穿过墙壁和楼板，应设置金属或塑料套管。安装在楼板内的套管，其顶部应高出装饰地面20mm，安装在卫生间及厨房内的套管，其顶部应高出装饰地面5cm，底部应与楼板底部相平；安装在墙壁内的套管其两端与饰面相平。穿过楼板的套管与管道之间缝隙宜选用阻燃密实材料填实，且端面应光滑。管道的接口不得设在套管内。

2）管道、阀门和配件应采用不易锈蚀的材质，给水管道必须采用与管材相适应的管件。生活给水系统所涉及的材料必须达到饮用卫生标准。

3）排水塑料管必须按设计要求及位置装设伸缩节。如设计无要求时，伸缩节间距不得大于4m。高层建筑中明设排水塑料管道应按设计要求设计阻火圈或防火套管。

4）金属排水管道上的吊钩或卡箍应固定在承重结构上。固定件间距：横管不大于2m；立管不大于3m。楼层高度小于或等于4m，立管可安装1个固定件。立管底部的弯管处应设支墩或采用固定措施。

5）住宅的污水排水横管宜设于本层套内。当必须敷设于下一层的套内空间时，其清扫口应设于本层，排水栓和地漏的安装应平正、牢固，低于排水表面，周边无渗漏。地漏水封高度不得小于50mm。

6）与排水横管连接的各卫生器具的受水口和立管均应要求采取妥善可靠的固定措施；管道与楼板的接合部位应要求采取固定可靠的防渗、防漏措施。

7）连接卫生器具的排水管道接口应紧密不漏，其固定支架、管卡等支撑位置应正确、牢固，与管道的接触应平整。

8）公共功能的管道，包括采暖供水回水总立管、给水总立管、雨水立管、消防立管等，不宜布置在住宅套内。公共功能管道的阀门和需要经常操作的部件，应设在公用部位。

（2）施工。

1）建筑给排水工程所使用的主要材料、成品、半成品、配件、器具和设备，必须具有中文质量合格证明文件，规格、型号及性能检测报告应符合国家技术标准或设计要求，进场时必须做检查验收，并经监理工程师核查确认。

2）建筑给排水工程施工现场应具有必要的施工技术标准、健全的质量管理体系和工程质量检测制度，实现施工全过程质量控制。

3）建筑给排水工程的施工应编制施工组织设计或施工方案，经批准后方可实施。

4）管道安装时应按设计选用管材与管件相匹配的合格产品，并采用与之相适应的管道连接方式，要求严格按照施工方案及相应的施工验收规范、工艺标准、采取合理的安装程序进行施工。对于暗埋管道应采取分段（户）试压方式，即对暗埋管道安装一段，试压一段，隐蔽一段。分段（户）试压必须达到规范验收要求，在施工过程中确保管道接口的严密性。

5）管道与器具（配件）连接时，应注意密封填料要密实饱满，密封橡胶等衬垫要求配套、不变形；金属管道与非金属管道转换接头质量过关，以确保接口严密、牢固。

6）全部的安装完毕后，各种承压管道系统应按规范要求做水压试验，非承压管道系统应做灌水试验，并应形成相应的记录，并经监理工程师核查确认。

7）主体施工时，按图纸要求密切配合土建施工预埋套管（或预留孔洞）。需要预埋套管的位置，在施工图纸上标注好规格、尺寸、标高、轴线位置，施工中跟踪检查，各级检查人员签字后，方可隐蔽。各种套管应根据设计要求及相应标准图集加工制作，定位安装。

8）防水套管应在土建主体施工时进行配合预埋，应固定牢靠，在浇筑混凝土时要有专人看护；安装管道时，对于刚性防水套管，套管与管道的环形间隙中间部位填嵌油麻，两端用水泥填塞捻打密实。

9）安装在墙内的套管，宜在墙体砌筑时或浇筑混凝土前进行预埋；如果为砖墙，也可墙体砌好后开洞，安装管道时埋设套管，并用砂浆填补密实封堵。过墙套管应垂直墙面水平设置，套管与管道之间的填料宜采用阻燃密实材料。

10）穿楼板的套管应在地面粉刷或铺设饰面之前埋设。穿楼板套管的固定可在套管两侧地面处焊两根圆钢，搁置在地面上，然后用砂浆封堵孔隙。若洞隙较大，板底应加托板，托板有铁丝吊在套管两侧的圆钢上，然后浇筑细石混凝土封堵。封堵前须用水冲洗，楼板堵洞宜采用二次灌堵，且抹面平整，完成后浇水养护并用水试验，确保套管与楼板之间封堵密实，不渗不漏。套管与管道之间应采用阻燃材料和防水油膏填实。

11）保温管道在安装时，预先考虑穿墙、穿楼板的套管，并能满足保温的厚度。

12）管道支、吊、托架的形式、尺寸及规格应按设计或标准图集加工制作，型材应与所固定的管道相匹配；孔、眼应采用电钻或冲床加工，焊接处不得有漏焊、欠焊或焊接裂纹等缺陷；金属支、吊、托架应做好防锈处理。

13）支、吊、托架间距应按规范要求设置，直线管道上的支架应采用拉线检查的方法使支架保持同一直线，以便使管道排列整齐。管道与支架间紧密接触，与金属支架材质不同的管道间还应加橡胶等绝缘垫。

14）埋地管道的支墩（座）必须设置在坚实老土上，松土地基必须夯实。

15）根据管道伸缩量严格按规范设置伸缩节。伸缩节设置位置应靠近水流汇合管件，并符合下列规定：立管穿楼层处为固定支承且排水管在楼板之下接入时，伸缩节应设置于水流汇合管件之下。

16）立管穿楼越楼层处为固定支承且排水支管在楼板之上接入时，伸缩节应设置于水流汇合管件之上。

17）立管穿越楼层处为不固定支承时，伸缩节可设置于水流汇合管件之上或之下。

18）立管上无排水支管接入时，伸缩节可按伸缩节设计间距置于楼层任何部位。横管上设置伸缩节应设于水流汇合管件上游端。

19）立管穿越楼层处为固定支承时，伸缩节不得固定；伸缩节固定支承时，立管穿越楼层处不得固定。

20）伸缩节插口应顺水流方向。

21）排水立管应设伸顶通气管（顶端设通气帽）。

22）不得用吸气阀（补气阀）代替通气管。

23）通气管应高出屋面300mm，且大于最大积雪厚度；通气管出口4.0m以内有门窗时，应高出门窗顶600mm或引向无门窗侧；经常有人停留的平屋顶上，通气管应高出屋面2m，并有围护措施。

24）通气管不得与烟道、风道连接。

25）存水弯的设置应符合设计图纸的要求。卫生器具排水口下存水弯的水封深度不得小于50mm。

26）施工安装时应选用符合标准的产品，严格按图纸施工。安装过程中应保证地漏（特别是钟罩式地漏）的水封深度不得小于50mm。

27）管道在经过建筑物伸缩及沉降缝处，应设置补偿装置；消防管道安装为了防止锈蚀，宜采用镀锌钢管管箍连接；如采用焊接，应用法兰二次镀锌连接方式。

28）消水栓自箱体的几何尺寸和厚度尺寸必须符合设计及现行技术标准的规定。消火栓应参照标准图集安装，单栓消火栓的栓口出水方向宜向下或与设置消火栓的墙面相垂直。

29）暗装消火栓应在土建主体施工时预留孔洞，预洞孔洞大小、位置及标高应准确并满足消火栓及箱体安装的要求，并留有一定的调节余量。消火栓箱体安装时要考虑装饰层的厚度；应保证箱体安装高度正确，一般箱底安装高度为0.95m；若带自救式卷盘，箱底为0.90m；设于砖墙上的暗装消火栓箱体上部应采取承重措施，以防止箱体受压变形而影响箱门的开启。

30）按照消防要求，应将栓口接管与箱底留孔间隙处进行防火封堵；箱体背板不得外露于墙面，如箱体所在的墙面厚度小于箱体厚度，应采用防水材料对箱体背板后面进行处理，且处理后不应低于同房间耐火等级。

31）消火栓箱内的栓、水枪、水龙带及快速接扣必须按设计规格配置齐全，其产品必须符合消防部门批准生产、销售、使用的合格品。水龙带与快速接扣一般采用16号铜丝（1.60缠绕2~3道，每道缠紧3~4圈），扎紧后将水龙带和水枪挂于箱内挂架或卷盘上。

32）箱式消火栓栓口应朝外，并不应安装在门轴侧。

33）箱式消火栓栓口中心距地面为1.1m，允许偏差20mm。

34）箱式消火栓阀口中心距箱体侧面为140mm，距箱后内表面为100mm，允许偏差5mm。

35）箱式消火栓箱体安装的垂直度允许偏差3mm。

36）栓口应朝外，并不应安装在门轴侧。

37）栓口中心距地面为1.1m，允许偏差20mm。

38）阀口中心距箱体侧面为140mm，距箱后内表面为100mm，允许偏差5mm。消火栓箱体安装的垂直度允许偏差3mm。

39）排水管道的坡度应按设计图纸施工，坡向合理，不得倒坡。

40）安装前先按照确定的卫生器具安装尺寸修整孔洞。根据图纸要求并结合实际情况，按修整后孔洞位置测量尺寸，绘制加工草图，根据草图量好管道尺寸，进行裁管、预制，排水横管变径应保证管道顶平接。

41）沿管道走向在管段的始末端按设计坡度拉线，根据设计或规范要求并结合管节长度确定支吊架的位置，按拉线处该位置与支吊架固定点的垂直距离制作支吊架。

42）将预制好的管段用铁丝临时吊挂，查看无误后进行粘接，按规定校正管道坡度。待黏接固化后，再坚固支承件。

43）组织好工地现场的临时施工排水，严禁土建专业施工人员把施工和清洗中产生的含水泥砂浆的废水排入室外排水管网。

44）管道在安装前要检查防止灰、泥土及异物进入管内，并清扫干净。

45）对已经安装完毕的管道应及时牢固地封闭临时敞口处，防止杂物进入。

46）管井内管道应综合排布，排列整齐，固定牢固，预留孔洞和管道穿楼板孔洞应防火封堵，采用防火材料填充密实。

附录2 建筑电气安装质量通病防治要点

（1）暗配穿线钢管，接口有对焊现象。在检查过程中经常会遇到此问题，厚壁钢管（壁厚＞2mm的）对焊连接，会产生内部结瘤，使穿线缆时损坏绝缘层，薄壁钢管（壁厚≤2mm的）熔焊连接会产生烧穿，埋入混凝土中会渗入浆水，导致导管堵塞。这些现象都是不允许发生的。因此GB50303—2002中14.1.2强制性条文要求：金属导管严禁对口熔焊连接，镀锌和壁厚≤2mm的钢导管不得套管熔焊连接。厚壁钢管应加套管焊接，焊缝要求饱满密实。镀锌钢管要求螺纹连接，连接处两端用专用接地卡固定跨接接地线。薄壁钢管有螺纹连接、紧定连接等，但要求接口采取封堵措施，以防止潮气渗入管内造成电线绝缘层老化，且增加连接处的电气导通性。

（2）配线管敷设深度不符合规范要求。暗配管埋设深度太深不利于与盒、箱连接，有时剔槽太深会影响墙体等建筑物的质量；太浅同样不利于与盒、箱连接，还会使建筑物表面有裂纹，在某些潮湿场所（如实验室等），钢导管的锈蚀会显现在墙面上，所以埋设深度恰当既保护导管又不影响建筑物质量。因此GB50303—2002要求：暗配的导管，保护层厚度应＞15mm，且槽应用强度等级应有不小于M10的水泥砂浆抹面保护。开槽要求采用机械开槽，禁止手工开槽。

（3）敷设穿线管时，强、弱电距离不够。这将使强电可能干扰弱电系统的正常使用，因此《住宅装饰装修工程施工规范》要求：电源线及插座与电视线及插座的水平距离不应＜500mm。

（4）建筑物电气配线颜色混乱，这样就会造成用户分不清用途，易发生危险。因此GB50303—2002中15.2.2条要求：当采用多相供电时，同一建筑物、构筑物的电线绝缘层颜色选择应一致，即保护地线应是黄绿相间色；零线用淡蓝色；相线：A相为黄色，B相为绿色，C相为红色。

（5）电缆桥架安装存在的质量问题：

1）电缆桥架、支架没做可靠接地。GB50303—2002中12.1.1条要求：金属电缆桥架及其支架全长应不少于2处与接地（PE）或接零（PEN）干线相连接；非镀锌电缆桥架间连接板的两端跨接铜芯接地线，接地线最小允许截面积不小于4mm²；镀锌电缆桥架间连接板的两端不跨接接地线，但连接板两端不少于2

个有防松螺帽或防松垫圈的连接固定螺栓。

2）电缆桥架水平安装的支架间距1.5~3m；垂直安装的支架间距不大于2m；敷设在竖井内和穿越不同防火分区的桥架，按设计要求位置，有防火隔堵措施。

3）电缆未固定、填充率太高、弯曲半径不足。电缆在桥架内的填充率不应大于40%（控制电缆＜50%），电缆垂直敷设时，上端及每隔1~1.5m处应固定；水平敷设时，首、尾、转弯及每隔5~10m处应固定，电缆桥架转弯处应选择与电缆弯曲半径相适应的配件。

附录3 建筑机电安装质量通病防治要点

附表3-1 建筑机电安装工程质量通病与防治措施受控检查表

检查项目：		项目经理：	检查时间：	检查人员：	
序号	（相关）分部分项工程	重要工序	质量通病		是否受控
1	共性	除锈	TBT-01 型钢、钢管等，除锈不符合要求，在安装或使用中，存在明显锈蚀，影响使用寿命		
2		焊接	TBT-02 型钢、钢管焊接质量不符合要求，存在裂纹、未熔合、未焊透、夹渣、弧坑和气孔等缺陷		
3		防腐	TBT-03 金属结构表面防腐刷油不符合要求		
4		绝热	TBT-04 管道、设备保温厚度、平整度不符合要求		
5			TBT-05 风管绝热层采用黏结方法固定时，绝热材料未紧密贴合，接合处有空隙，影响绝热效果		
6			TBT-06 风管绝热层采用保温钉连接固定时，保温钉连接不牢，易脱落，保温钉黏接杂乱，不均匀；风管法兰部分保温时未予考虑；保温成形后，表面松弛、有凹陷、平整度差；保温缝不严密，投入运行后，产生凝结水		
7			TBT-07 管道绝热层施工，保温不严密，接合部空隙过大，影响绝热效果		
8			TBT-08 绝热层金属保护层，搭接方式不合理，影响保护效果		
9	建筑给水排水及采暖	管道及配件	套管预留预埋	TBS-01 管道穿过墙壁和楼板未设套管或套管设置不符合要求	
10			支架制作与安装	TBS-02 金属支吊架制作用电、气焊开孔	
11				TBS-03 管道支架安装间距过大，标高不准，管道或支架局部变形	
12			管道安装	TBS-04 管道批量制作时，管材切割后，未及时清除管口毛刺	
13				TBS-05 钢管套丝存在乱丝、丝扣过长或过短、锥度不合适；丝扣连接处麻丝未清除干净	

151

序号	（相关）分部分项工程		重要工序	质量通病	是否受控
14	建筑给水排水及采暖	管道及配件	管道安装	TBS-06 镀锌钢管表面镀锌层破坏处，未做防腐处理	
15				TBS-07 管道系统安装，使用不等径的冲压三通、冲压弯头，不符合工艺标准要求	
16				TBS-08 UPVC排水管胶黏剂外溢、流淌和管外表面遭受水泥砂浆、油漆和涂料的严重污染	
17				TBS-09 给排水管道坡度不均匀，甚至局部有倒陂现象	
18			阀门仪表箱栓安装	TBS-10 管道、设备间采用法兰连接，法兰、连接螺栓型号、规格不符合标准或设计要求，螺栓拧紧后，突出螺母的长度不一致、大于螺杆直径的1/2、在潮湿场所法兰、连接螺栓未做好防腐蚀处理、锈蚀明显	
19				TBS-11 消火栓栓阀安装在门轴侧；栓口中心距离地面允许偏差过大	
20				TBS-12 消火栓箱安装完后，箱内水龙带与水枪和快速接头布置不符合要求	
21				TBS-13 阀门安装位置不便操作和维修，影响使用；阀门方向装反、倒装、手轮朝下	
22		卫生器具	卫生器具安装	TBS-14 地漏安装标高偏高或偏低	
23	建筑电气工程	配管桥架线槽安装	电气配管	TBD-01 钢管敷设，管内有铁屑等杂物，管口有毛刺；管口套丝乱扣；管口插入箱盒、内长度不一致；弯曲半径太小，有扁裂现象	
24				TBD-02 非镀锌钢管，砌体内暗敷，防腐处理不符合要求	
25				TBD-03 暗敷管的保护层厚度不够，造成墙面、地面顺管路裂缝	
26				TBD-04 埋设在墙内或混凝土内的绝缘导管，管壁厚不符合要求	
27				TBD-05 电气明配管，固定点间距不合理，管不顺直	

152

序号	（相关）分部分项工程	重要工序	质量通病	是否受控
28	建筑电气工程	电气配管	TBD-06 吊顶内电气配管，敷设混乱	
29			TBD-07 柔性导管与设备、箱盒连接时，未采用软管接头连接	
30			TBD-08 金属、非金属柔性导管敷设长度不符合要求	
31		桥架、线槽敷设	TBD-09 桥架支架间距不合理	
32			TBD-10 桥架安装，接缝过大，盖板密封不严	
33			TBD-11 非镀锌桥架，接地跨接不可靠	
34			TBD-12 桥架防火隔堵工艺不符合要求	
35			TBD-13 与桥架相连接的金属桥架、导管接地不可靠	
36		导线敷设	TBD-14 导线的三相、零线（N线）接地保护线（PE线）色标不一致，或者混淆	
37		电缆敷设	TBD-15 电缆敷设杂乱	
38			TBD-16 电缆敷设后，标志牌不清晰或挂得不齐全	
39			TBD-17 电缆竖井敷设，未作防火堵封或封堵不严密	
40		动力、照明配电箱安装	TBD-18 照明配电箱（板）内线路交叉凌乱，回路标志不明确	
41			TBD-19 装有电器的可开门，未接地或接地不可靠，无标志	
42		灯具安装	TBD-20 当灯具距地面高度小于2.4m时，灯具的可接近裸露导体接地（PE）或接零（PEN）不可靠，接地无标志	
43			TBD-21 成排成行的灯具，安装不整齐	
44		插座开关风扇安装	TBD-22 开关、插座间距、标高不符合要求	
45		接地装置安装	TBD-23 接地装置的搭接焊，搭接长度不符合要求	
46		接闪器安装	TBD-24 避雷带安装不平整顺直，固定点支持件间距不均匀，未固定可靠，引下线无标志	
47			TBD-25 出屋面金属结构、非金属结构未做防雷保护	

（表中分部分项工程列合并单元格：28~35为"配管桥架线槽安装"，36~39为"配线电缆安装"，40~41为"柜箱安装"，42~44为"照明装置"，45~47为"防雷接地安装"；接地装置安装、接闪器安装45~47为"防雷接地安装"）

序号	（相关）分部分项工程	重要工序	质量通病	是否受控
48	建筑电气工程	防雷接地安装	变配电室接地干线敷设	TBD-26 变配电室内明敷接地干线固定不牢固，与墙壁间距、距地面高度不符合要求，接地色标不符合要求	
49	通风空调工程	风管与配件制作	金属风管制作	TBF-01 风管法兰表面不平整，同一批量加工的相同规格法兰螺栓孔不重合，法兰不具备互换性	
50				TBF-02 风管翻边不足、不均匀，风管翻边不平整，法兰与风管轴线不垂直，法兰接口处不严密	
51				TBF-03 风管的宽高比不符合要求	
52				TBF-04 风管密封垫片及风管连接不符合要求	
53		部件制作	柔性短管制作	TBF-05 风管柔性短管长度过长，安装成形后表面扭曲、塌陷、褶皱、不正，用柔性短管做找正、找平的异径连接管	
54		风管系统安装	防火阀安装	TBF-06 防火阀未单独设置支吊架，防火阀距墙表面大于200mm	
55			风管支吊架安装	TBF-07 风管支吊架的间距过大，造成风管变形，影响感官效果	
56			风管穿越防火、防爆的墙体或楼板处	TBF-08 风管穿越防火、防爆的墙体或楼板处，未设预埋管或防护套管	
57		设备安装	冷凝水管道安装	TBF-09 冷凝水管道安装倒坡或空调机组冷凝水管未按要求设置水封	

检查情况及整改要求：